Rabia

BILL WASIK & MONICA MURPHY

Rabia

*La historia cultural del virus
más diabólico del mundo*

GUADALMAZÁN

Título original:
Rabid. A Cultural History of the World's Most Diabolical Virus

*This edition published by arrangement with
Viking, an imprint of Penguin Publishing Group,
a division of Penguin Random House LLC.*

Primera edición en Guadalmazán: octubre de 2025

GUADALMAZÁN • COLECCIÓN DIVULGACIÓN CIENTÍFICA
Traducción y edición de ANTONIO CUESTA

www.editorialguadalmazan.com

TALENBOOK, S.L.
C/ Cervantes, 26 · 28014 · Madrid

Imprime: GRÁFICAS LA PAZ
ISBN: 978-84-19414-96-0
Depósito Legal: M-19339-2025
Hecho e impreso en España - *Made and printed in Spain*

Índice

Nota a la edición en español...11

Introducción. Mirando al diablo a los ojos...........................13
I. En el principio...25
II. The middle rages...51
III. ¿Un virus con dientes?...79
IV. Canicidios..109
V. El rey Louis...139
VI. El siglo zoonótico..171
VII. Los supervivientes..199
VIII. La isla de los perros locos..217

Nota a la edición en español

Hace algún tiempo, cuando Bill Wasik y Monica Murphy decidieron emprender esta singular aventura intelectual a lo largo de milenios de historia rábica, difícilmente podían prever la magnitud de la bestia que estaban invocando. Y es que su libro traza una auténtica cartografía cultural del miedo más ancestral de nuestra especie, ese territorio sombrío donde la frontera entre lo humano y lo animal se difumina hasta volverse prácticamente irreconocible.

Como editor —y como veterinario— confieso que la primera lectura de este manuscrito me produjo una inquietante fascinación. No es común encontrar una obra que combine con tanta naturalidad el rigor científico, la erudición literaria e histórica y esa tensión narrativa que convierte muchos pasajes en auténticos *thrillers* intelectuales. Wasik, periodista de oficio, y Murphy, veterinaria de profesión, han logrado lo extraordinario: hacer que la historia cultural y natural de un virus se lea como una novela de intriga, con microbios y mitos, laboratorios y leyendas, como coprotagonistas.

La traducción ha sido una tarea delicada, de esas que exigen paciencia y pulso firme. Hemos procurado respetar la voz de los autores; la terminología médica se ajusta a los estándares en lengua española, mientras que la nomenclatura científica conserva, en su mayoría, su forma internacional. Confiamos en que ningún especialista encuentre motivos para tirarnos de las orejas.

Más allá del rigor factual, nuestro empeño ha sido preservar esa tensión narrativa que hace del original una lectura absorbente. Porque este libro habla de perros rabiosos y de laboratorios decimonónicos, sí, pero también de vampiros literarios y legendarios hombres lobo, de miedos atávicos y supersticiones que aún laten en nuestro ADN cultural. Los autores han sabido tender puentes entre la ciencia y la cultura popular, demostrando que nuestras pesadillas más persistentes tienen, con frecuencia, raíces biológicas muy concretas.

Conviene advertir, sin embargo, que no es un libro para estómagos delicados. Las descripciones clínicas de la hidrofobia, los testimonios de quienes la padecieron o los procedimientos con que Pasteur y su equipo lograron la vacuna pueden resultar sobrecogedores. Como los propios autores reconocen con ironía, pasaron dos años «serrando» —«batiendo cobre», diríamos nosotros— para llegar al final de esta historia, y el resultado conserva algo de esa crudeza necesaria.

En un momento en que las enfermedades zoonóticas ocupan titulares y despiertan alarmas globales, *Rabia* ofrece una perspectiva histórica inestimable. Nos ayuda a comprender los mecanismos por los que los patógenos saltan de animales a humanos —ese «regalo letal del ganado» que Jared Diamond identificó como determinante en la historia de la civilización— y muestra cómo nuestras respuestas culturales a estas amenazas siguen patrones sorprendentemente constantes.

No oculto aquí un temor muy personal; el de todo editor ante la obra ya impresa. Esa pesadilla recurrente de abrir el libro y encontrar una errata monstruosa, una frase mal traducida que desnaturalice el sentido original, un error que, pese a todas las revisiones, haya logrado infiltrarse. En una obra tan documentada como esta, ese miedo se multiplica. Hemos sido meticulosos, pero la perfección absoluta es una quimera reservada a los necios, a los frikis… y a los editores. Si el lector tropieza con algún desliz, que sepa que ha sido involuntario y que, como los propios virus, encontró la manera de burlar nuestras defensas.

Esta edición en español pone al alcance de los lectores hispanohablantes un libro que merecía ser traducido. No solo por su calidad intrínseca, sino porque nos recuerda que la historia de la humanidad es, en buena medida, la historia de nuestra conflictiva convivencia con el mundo microbiano. Entender esa historia nos hace quizá un poco más sabios, y tal vez un poco menos vulnerables frente a las muchas amenazas que aún están por venir. Porque, al final, todos llevamos dentro una semilla de *lyssa*, esa furia rabiosa que Homero inmortalizó en la *Ilíada* y que aún acecha en la frontera entre lo humano y lo animal.

ANTONIO CUESTA

Introducción

MIRANDO AL DIABLO A LOS OJOS

La nuestra es la era de la domesticación. Durante milenios, la civilización humana se ha expandido a costa de la fauna salvaje. Hemos considerado prudente mantener inerme al reino animal, licenciar a sus tropas. A algunos de aquellos adversarios primigenios los hemos llevado a la extinción, o casi; a otros los hemos confinado en zoológicos y en parques convertidos en destino de safaris familiares; al resto los hemos empujado a los márgenes cada vez más exiguos de lo agreste, mientras nos apropiamos de sus territorios. Sobre las ruinas de sus hábitats levantamos nuestras metrópolis y bautizamos nuestras urbanizaciones con nombres bucólicos que evocan precisamente la naturaleza que hemos destruido para construirlas.

Basta, no obstante, con escudriñar las noticias para encontrar focos de resistencia, como si algún instinto animal ancestral resurgiera de manera clandestina. Ahí está el lince kamikaze de Cottonwood (Arizona), que desató el caos una tarde de marzo amenazando a un empleado de Pizza Hut para luego irrumpir en un bar y obligar a los parroquianos a refugiarse sobre la mesa de billar, atacando al que osó fotografiarlo con su móvil. O la nutria enloquecida de Vero Beach (Florida), que mordió a tres residentes de Grand Harbor, una exclusiva comunidad de golf junto al mar; uno de ellos fue atacado mientras se entregaba a su pasatiempo. O el castor enfurecido del embalse Loch Raven, en los elegantes suburbios septentrionales de Baltimore, que destrozó el plácido día estival de cuatro bañistas; solo cesó en su empeño cuando el marido de una de las víctimas logró arrancarlo del muslo de su esposa y aplastarlo con una piedra.

Habitualmente, estos animales salvajes eluden todo contacto con los humanos. Pero súbitamente se metamorfosean en atacantes de una desconcertante agresividad, nos acechan cuando recogemos la correspondencia o paseamos al perro. En ocasiones llegan incluso a intentar el asalto domiciliario, como descubrió una joven pareja en Lake George, pequeña localidad de las Adirondack, hace algunos años. Al apearse del automóvil una noche de abril, fueron atacados por un zorro gris; corrieron hacia la casa y cerraron la puerta. Pero media hora después, al volver a abrirla, el zorro permanecía allí al acecho; se lanzó hacia la entrada. Solo los reflejos del hombre le permitieron cerrar justo cuando el hocico de la bestia atravesaba el umbral. Cuando acudió el agente de control animal, el zorro atacó su todoterreno y se ensañó con los neumáticos a dentelladas. Le disparó en varias ocasiones desde la ventanilla sin acertarle. Tras atropellar finalmente al animal, declaró a un periodista que era el adversario más agresivo al que se había enfrentado en nueve años de servicio: «Un animal de dos kilos atacando un vehículo de mil quinientos», dijo.

Esa tenacidad implacable constituye lo más escalofriante de estos episodios. «Lo que me perturba», confesó un vecino de Connecticut tras abatir a martillazos a un mapache, «es que le destrocé la mandíbula, le quebré los dientes, pero seguía empeñado en atacarme. La resistencia de ese animal me aterrorizó». En el condado de Putnam (Nueva York), otro mapache igualmente obstinado atacó a una mujer en su propio jardín. Hubo de sujetar al animal mientras pugnaba por extraer el móvil para solicitar auxilio; su marido y su hijo necesitaron golpearlo repetidamente con una palanca para matarlo. «Sentí que la naturaleza me había traicionado», confesaría después en el programa radiofónico *This American Life*. En Carolina del Sur, un zorro bermejo persiguió a un niño de nueve años que se dirigía hacia la parada del autobús escolar. Cuando un vecino brindó protección al pequeño, el zorro se aferró al pie de su salvador. El hombre logró arrojar al animal dentro de su despacho, donde se golpeó contra paredes y ventanas antes de desplomarse sobre una cama para perros. La demencia puede apoderarse de cualquier especie.

Las autoridades de Arizona acudieron al aviso de un ataque a un perro por parte de un pecarí enloquecido —un animal semejante al jabalí— que hasta entonces había coexistido apaciblemente con los humanos en el suroeste estadounidense. En Robbins, Carolina del Norte, fue una mofeta la que acosó al pequinés de David Sanders, obligándolo a presenciar el combate durante casi una hora. En el condado de Decatur, Georgia, un pollino enloquecido mordió a su propietario en la mano. En Imperial, Nebraska, el protagonista fue un cordero, era parte del proyecto de un niño de la asociación 4H[1] que acabó de manera terrible, casi bíblica. Ha de haber una fuerza primordial en funcionamiento cuando el cordero puede trocarse en león.

* * *

Tras todos estos actos de posesión se oculta, cómo no, un virus. El más letal del orbe, un patógeno que aniquila a casi el cien por cien de sus huéspedes en la mayoría de las especies, incluida la humana. No es casualidad que el virus de la rabia exhiba precisamente forma de bala: una vaina cilíndrica de glicoproteínas y lípidos que transporta en su extremo redondeado una carga letal de ARN en espiral. Al penetrar en un ser vivo, soslaya el torrente sanguíneo —ruta habitual de casi todos los virus, fuertemente custodiada por el sistema inmunitario—. En lugar de eso, como casi ningún otro virus conocido, la rabia traza su derrotero a través del sistema nervioso, reptando río arriba entre uno y dos centímetros diarios por el axoplasma, el citoplasma del axón de las neuronas, las vías que transmiten los impulsos eléctricos desde y hacia el cerebro. Una vez en el interior del cerebro, el virus labora con

---

1 *Nota del editor.* 4H es una organización juvenil estadounidense que promueve la cultura y el desarrollo rural y agrícola. Las cuatro haches representan «*Head, Heart, Hands, Health*» (Cabeza, Corazón, Manos, Salud). Fundada en 1902, organiza proyectos educativos para jóvenes, especialmente relacionados con la agricultura, la ganadería y vida rural. Los niños crían animales según sus posibilidades (corderos, cerdos, gallinas...) como parte de sus proyectos, y luego los presentan en ferias agrícolas. El juramento reza: «Mi cabeza para pensar más claro, mi corazón para la mayor lealtad, mis manos para un mayor servicio, mi salud para mejorar la vida para mi club, mi comunidad, mi país y mi mundo».

meticulosa lentitud para deformar la mente, suprime la razón y estimula lo animal. La agresividad se dispara; las inhibiciones se desvanecen; la salivación se incrementa. La criatura infectada solo vivirá unos días más, que probablemente consagrará al ataque, echando espuma por la boca, persiguiendo, embistiendo y mordiendo presa de la demencia, porque el demonio que la posee busca nuevos huéspedes.

Si esto evoca una película de terror, no deberíamos extrañarnos; es un escenario consustancial a nuestro concepto del horror. La rabia es un flagelo tan ancestral como la civilización humana y el pavor que despierta responde a un miedo fundamental de nuestra especie, pues desafía las fronteras mismas de lo humano. Difumina la línea que separa al hombre del animal. La mordedura rabiosa simboliza a la bestia infectando al humano, la enfermedad que se inocula ante nuestros ojos de la criatura a la persona.

Sabemos hoy que más de la mitad de nuestras nuevas enfermedades —el 60 %, según un recuento publicado en *Nature*— son zoonóticas, esto es, se originan en poblaciones animales. Nuestro miedo generalizado a las peores de ellas (gripe porcina, sida, virus del Oeste del Nilo, ébola) se ha visto intensificado por el conocimiento de sus orígenes animales. No constituye exageración afirmar que nada ha enfermado tanto a la humanidad como nuestra convivencia con los animales. No solo las enfermedades emergentes actuales, sino los grandes azotes de la historia —viruela, tuberculosis, malaria, gripe— evolucionaron a partir de patologías similares en animales. Esto es lo que Jared Diamond denominó «*the lethal gift of livestock*» (el regalo letal del ganado), un factor determinante en el destino humano. El agricultor-ganadero se impuso al cazador-recolector en parte, según Diamond, porque «exhalaba gérmenes más patógenos». El contacto íntimo con los animales permitió a los primeros agricultores-ganaderos desarrollar inmunidad ante enfermedades que habrían diezmado a poblaciones no expuestas, dinámica que perdura en las enfermedades infecciosas emergentes de nuestros días.

Pero, hasta el siglo XX, la humanidad desconocía que tantas enfermedades tuvieran su origen en huéspedes no humanos. Durante los años en que azotó la zoonosis más catastrófica de la historia —la Peste Negra del siglo XIV, que se propagó a los humanos a través de las pulgas que parasitaban ratas y otros roedores—, los eruditos inculparon de todo a fuerzas demoníacas, miasmas, fenómenos astrológicos e incluso envenenadores humanos. Durante centurias, la rabia fue la única enfermedad donde la transmisión animal —o más bien la transformación— resultaba palmaria. No hacía falta microscopio para presenciar la posesión. Un animal enloquecido mordía, aparecía una persona enloquecida, y ambos perecían horriblemente. La demencia podía acechar en cualquier mamífero, especialmente en el más doméstico y leal de todos: el perro.

Históricamente, por ser la única forma visible de contagio de un animal a un humano, la rabia ha trascendido de lo médico a lo sobrenatural —metamorfosis bestiales e hibridaciones monstruosas—. Cuando el mito griego describe a Licaón, rey de Arcadia, transformándose en feroz lobo, su rostro es «rabioso» y sus fauces «salpicadas de espuma». En la España del siglo XV, los cazadores de brujas conocidos como «saludadores» también actuaban como sanadores de la rabia, convergencia que cobraba todo el sentido dado el vínculo popular entre las brujas y sus «familiares» caninos demoníacos. Entre los siglos XV y XVIII, Europa alumbró dos leyendas cuyos villanos semihumanos muerden a sus víctimas para transmitir su maldita condición, el hombre lobo y el vampiro, que siguen acechando la imaginación occidental.

La ensayista Susan Sontag (1933-2004) observó que incluso a finales del siglo XIX, cuando ya se conocían los virus y se hallaba a nuestro alcance la vacuna antirrábica, la verdadera causa del pánico de los franceses ante la rabia no era tanto la letalidad de la enfermedad, como la «fantasía» —aunque más bien habría que decir la realidad— «de que la infección transformaba a las personas en animales enloquecidos».

Paradójicamente, durante el siglo XX, tras el desarrollo por Pasteur de una vacuna que ofrecía protección casi absoluta contra la muerte por rabia en humanos, nuestra fascinación siniestra por esta enfermedad no hizo sino acrecentarse. La propia vacuna se mitificó tanto como el patógeno; aún hoy muchos creen que el tratamiento requiere una veintena —¿o una treintena?— de inyecciones[2], administradas con una jeringuilla

---

2 *Nota del editor.* Según el documento *Vacunación frente a rabia y evaluación de respuesta inmune en humanos,* aprobado por la Comisión de Salud Pública, revisado por la Ponencia de Programa y Registro de Vacunaciones el 28 de julio de 2023: en personas inmunocompetentes se administrarán cuatro dosis IM[b] (0, 3, 7 y 14-28 días o dos dosis el día 0 y una dosis los días 7 y 21-28). En personas con inmunosupresión se administrará una quinta dosis (IM) (0, 3, 7, 14, 21-28 días)y se realizará serología de control a las 2-4 semanas tras completar la vacunación, y en caso de serología negativa se administrará una dosis adicional. El día 0 es el día que se administra

de treinta centímetros en el estómago; en realidad, la vacuna actual conlleva cuatro inyecciones, y no particularmente profundas, en el brazo. Incluso mientras la vacunación de perros en Estados Unidos reducía la tasa de infección en esa especie a niveles negligibles, una generación de niños aprendió a escrutar a sus canes domésticos en busca del menor indicio de demencia, merced en parte a la lamentable influencia de *Old Yeller* (*Su más fiel amigo*), película de Walt Disney sobre un muchacho de la frontera y su perro rubio que enloquece de rabia. Veinticuatro años más tarde, una novela llamada *Cujo*—y su posterior adaptación cinematográfica— enseñó a toda una nueva generación a temer la rabia, aunque de modo algo más directo. Nadie terminó el libro ni salió del cine sorprendido por el destino de aquel «buen» perro. Es como si el propio anacronismo de la rabia, para la mente occidental, la hubiera vuelto aún más fascinante. Como el vampiro, la rabia porta consigo el aroma mohoso de un horror milenario, aun cuando todavía nos aterroriza en el presente.

Incluso los cómicos televisivos han empezado a recurrir a ella para provocar la risa. Dos series animadas creadas por Mike Judge, *King of the Hill* y *Beavis and Butt-Head*, han hecho episodios sobre la rabia, como también la longeva comedia médica *Scrubs*. En la versión estadounidense de *The Office*, Michael Scott —el jefe torpe interpretado por Steve Carell— trata de encubrir el hecho de que ha atropellado a un empleado con su coche organizando una carrera benéfica «por la cura». La enfermedad que escoge es la rabia. Quedó perplejo, ante la escasez de donaciones:

MICHAEL SCOTT: «Esperaba poder entregar el cheque gigante a un médico de la rabia. ¿Cómo va eso?».
PAM BEESLY: «Mal. Un médico no vendrá a recoger un cheque de setecientos dólares; o de quinientos dólares, en caso de que tengamos que encargar el cheque gigante. Y además, no existen los médicos de la rabia».

---

la primera dosis, no necesariamente el día de exposición. Se recomienda iniciar la pauta posexposición tan pronto como sea posible. En caso de administrar dos dosis de vacuna el día o se administrarán en lugares anatómicos diferentes.

Contrariamente a lo que cualquier serie pueda decir, con toda certeza hay médicos especialistas en rabia, y los humanos siguen muriendo en decenas de millares por esta enfermedad cada año (más de cincuenta y cinco mil, según la estimación de la Organización Mundial de la Salud). Pero pocas de estas muertes tienen lugar en Estados Unidos o en Europa occidental. Los fallecidos proceden abrumadoramente de Asia y África, de países donde la vacunación resulta demasiado costosa o demasiado difícil de procurar. Y el curso de su padecimiento es tan penoso, e inevitablemente fatal, como el soportado por el resto de víctimas durante milenios.

En efecto, aparte de la amplia disponibilidad de sedantes, que pueden mitigar las agonías finales de la enfermedad, la secuencia de horrores que afronta el típico paciente de rabia apenas difiere hoy día de aquellos experimentados por quien fuera, probablemente, la víctima más eminente de rabia en la historia: Charles Lennox, cuarto duque de Richmond, quien, durante los dos años previos a su muerte en 1819, sirvió como gobernador general de Canadá, el puesto más alto en lo que entonces era todavía un gobierno colonial. El duque era un célebre amante de los perros; un retrato de Lennox de niño muestra al joven noble reclinado contra un tocón mientras un adorable spaniel le manosea la solapa de la chaqueta. Pero no fueron las fauces de un perro las culpables de su perdición, sino las de un zorro, la mascota aparentemente inofensiva de un soldado de una guarnición que el duque tuvo ocasión de inspeccionar en Quebec. Cuando el raposo se enredó con el perro del duque —Blucher, así llamado en honor de Gebhard Leberecht von Blücher, el general prusiano que había derrotado a Napoleón en Waterloo—, Lennox intervino varonilmente para separar a ambos. El zorro loco aprovechó esta oportunidad para insultar al dignatario visitante, mordiéndole con fuerza en la base del pulgar.

Tras la mordedura, el virus de la rabia se adhiere rápidamente a los nervios periféricos, luego hace su recorrido con una enorme lentitud, requiriendo tres semanas —y hasta tres meses—, para llegar al cerebro y penetrarlo. En raras ocasiones puede transcurrir un año completo, o incluso cinco años, antes del inicio de los síntomas. Durante este tiempo la herida sanará, y la víctima puede incluso olvidar su tropiezo con la bestia gruñona. Pero, sanada o no, cuando el virus penetra en el cerebro, como por arte de magia, la herida parecerá retornar con extrañas sensaciones que provendrán del lugar lesionado. Puede adoptar muchas formas: dolor punzante, entumecimiento, ardor, frío antinatural, hormigueo, picazón o incluso temblor. Estos pacientes próximos a la perdición muestran signos generales de gripe, con fiebre y quizás dolor de garganta o náuseas leves. En el caso del duque de Richmond, comenzó un día con dolores en el hombro y garganta irritada, y progresó al día siguiente a insomnio y fatiga.

Para el duque de Richmond, aunque la cronología permanece en cierta disputa, la hidrofobia le golpeó en la tarde del 26 de agosto de 1819. Durante la cena con sus oficiales, encontró que su copa de clarete le desagradaba. «No sé por qué», se dice que comentó al coronel Francis Cockburn, «pero esta noche no puedo saborear mi vino como de costumbre. Si fuera un perro, me habrían disparado por loco».

Al día siguiente, el duque casi no comió ni bebió nada y permaneció en la cama. Por la tarde no podía beber nada en absoluto. A la mañana siguiente, un médico le prescribió gárgaras, pero tuvieron un efecto «convulsivo» en su garganta. Ni siquiera pudo someterse a su afeitado habitual; le repugnaba hasta el agua de la palangana. Consiguió arrastrarse fuera de la cama, pues tenía previsto recorrer los pantanos que rodeaban una localidad de Ontario llamada Richmond, rebautizada así en su honor. Pero su cuerpo se rebeló en cuanto puso un pie en la embarcación. Presa del pánico, saltó de nuevo a la orilla, donde suplicó que lo trasladaran tierra adentro. Hasta el simple murmullo del agua corriente se le había vuelto insoportable. Finalmente lo condujeron a un granero y lo tendieron sobre un camastro de paja que sería su lecho de muerte.

La fiebre se dispara durante esta fase final de la enfermedad. La boca saliva profusamente. Las lágrimas manan de los ojos. La piel se vuelve «carne de gallina». Los gritos de agonía manan de una garganta tan convulsa que pueden producir la impresión de un ladrido. En los estertores de sus convulsiones, se ha sabido incluso que los pacientes muerden. También alucinan. El eminente médico francés Armand Trousseau, que ejerció a mediados del siglo XIX, observó que «el paciente es presa de terror súbito; puede volverse bruscamente, imaginando que alguien le grita». Citó el relato de un colega, cierto doctor Bergeron, cuyo paciente de rabia «oía repicar de campanas, y veía ratones correr sobre su yacija».

No es infrecuente que los pacientes varones sucumban a una suerte aún más lúbrica de desenfreno. Los efectos del virus sobre el sistema límbico pueden provocar comportamientos hipersexuales: aumento del deseo, erecciones involuntarias e incluso orgasmos con una frecuencia de hasta uno por hora. No sabemos si el duque de Richmond padeció este síntoma, sus acompañantes fueron lo suficientemente discretos como para consignar nada parecido por escrito. Otros casos históricos sí documentan hasta treinta eyaculaciones en una sola jornada. El médico romano Galeno describió el caso de un desdichado cargador que sufrió tales emisiones durante los tres días previos a su óbito. Comentando tan luctuoso destino, el médico austriaco del siglo XVIII Gerard van Swieten anotó sobriamente: «*Semen et animam simul efflavit*» (Perdió su semilla y su vida al unísono).

Pese a todos los horrores de la hidrofobia, quizá lo más trágico sea que los ataques suelen remitir temporalmente, concediendo a los enfermos períodos de terrible y conmovedora lucidez: se les otorga la oportunidad de contemplar cabalmente lo que les aguarda. Antes de morir, el duque dictó una extensa carta a su hija primogénita y dispuso que le entregaran su querido caballo Blücher. «Al principio la hará llorar. Denle el caballo cuando esté sola y cierren la puerta».

* * *

A estas alturas debería quedar claro que este libro no es para estómagos delicados. Los encuentros con la rabia siempre han sido así. Louis Pasteur y sus ayudantes, para desarrollar la vacuna, hubieron de acorralar perros en el paroxismo de su demencia y extraer la letal saliva de sus espumajosas fauces. Axel Munthe, médico sueco, presenció cómo Pasteur realizaba esta operación con un tubo de cristal entre los dientes, mientras dos colegas con guantes sujetaban a un bulldog rabioso. Algunos miembros de su equipo establecieron una macabra medida de seguridad: «Al comienzo de cada sesión colocaban un revólver cargado a su alcance», recordó Mary Cressac, sobrina del colaborador de Pasteur, Émile Roux. «Si le acaeciera un terrible accidente a alguno, el más valeroso le pegaría un tiro en la cabeza».

No queremos arrogarnos tanta audacia en este volumen, ni por nuestra parte ni por la vuestra. Analogía más apropiada sería el penoso proceso por el que los veterinarios someten a las mascotas sospechosas a las pruebas de rabia; otro ejemplo de cómo esta enfermedad diabólica no causa sino sufrimiento a quienes la contemplan. Aún hoy, los veterinarios no recurren a análisis de sangre para diagnosticar la rabia en animales; no basta con un pinchazo y esperar los resultados. Se necesita una muestra del cerebro, lo que implica sacrificar al animal, decapitarlo y enviar la cabeza al laboratorio de referencia para su análisis.

La primera parte del proceso —capturar y sacrificar de forma indolora al animal enloquecido— constituye rutina para la profesión veterinaria. Pero decapitar, incluso a una criatura menuda, resulta mucho más arduo de lo que muestran las películas de terror. Y no solo por la razón emocional obvia, en muchos casos el veterinario había estado pugnando por salvar la vida de esa mascota apenas horas antes. También representa una prueba en sentido puramente práctico. El cadáver se coloca en decúbito supino, con el rostro contraído mirando al techo. Con el bisturí, el veterinario secciona sin dificultad los tejidos blandos del cuello: pelaje y piel, músculos y vasos, esófago y tráquea.

Entonces sobreviene el problema de la columna vertebral, el mismo conducto por el que pudo —o no— haber transitado el virus de la rabia; como el gato de Schrödinger, el animal debe estar muerto para resolver esta incógnita. Si tiene fortuna, el hospital habrá presenciado suficientes casos sospechosos como para mantener a mano una sierra para metales. En tal caso, puede abrirse paso a fuerza bruta por el hueso, serrando directamente las vértebras cervicales superiores, el atlas y el axis. Si carece de tanta ventura, solo contará con el bisturí. Una tarea de cinco minutos puede entonces dilatarse hasta veinte, mientras desarticula esos dos huesos superiores, seccionando los tendones que los unen y separando el uno del otro, un rompecabezas decididamente macabro.

Hemos de confesar que nuestro periplo por los cuatro mil años de historia de la rabia se ha antojado algo parecido. A veces semanas enteras se desvanecieron entre una bruma de sangre y pelaje. Nuestra exploración de los aspectos culturales de la rabia nos sumergió en los truculentos informes médicos de épocas pretéritas (y modernas). Luego nos arrojó al oscuro reino de los mitos: hombres con cabeza de perro, hordas zombis y la matanza masiva de cerdos en El Cairo. Hemos peregrinado a las Ardenas para contemplar el sitio del milagroso remedio antirrábico; a la rue d'Ulm de París para admirar el humilde edificio donde Pasteur realizó sus proezas, y a la isla de Bali, donde finalmente pudimos mirar al diablo a la cara.

Ahora, tras dos años serrando sin parar, creemos haber terminado el trabajo, y nos complace entregárselo a ustedes, lectores. Pensándolo bien, la cabeza cortada de un zorro, un gato o incluso un perro de raza pequeña pesaría aproximadamente lo mismo que el libro que tienen ahora en las manos. Sosténganlo con las palmas extendidas y cierren los ojos. No pesa tanto, ¿no es cierto? Y, sin embargo, de tan livianos paquetes—como descubren a veces los propietarios de casas en las afueras, y como supo tardíamente el duque de Richmond— puede desatarse un caos considerable.

Mosaico de la loba, Rómulo y Remo, Aldborough, Inglaterra. Este mosaico de la época romana, que data de alrededor del 300-400 d. C., fue descubierto en Aldborough —la antigua ciudad de Isurium Brigantum—, al noreste de Inglaterra. La obra, que se exhibe en el Museo de la Ciudad de Leeds, representa la leyenda de Rómulo y Remo, los fundadores míticos de Roma, siendo amamantados por una loba.

I. EN EL PRINCIPIO

Durante más de una semana, Aquiles se consume en su rencor mientras la guerra de Troya prosigue sin él. Al tercer día de su ausencia, la balanza se ha decantado decisivamente hacia los troyanos, cuyas embestidas han repelido a los invasores griegos hasta sus naves. Al caer la noche, una delegación griega encabezada por Odiseo se apresura al campamento de Aquiles con la esperanza de atraerlo de nuevo a la refriega. Los emisarios llegan para encontrar al gran héroe punteando lánguidamente una lira, canturreando —para nadie en particular— las gloriosas gestas de guerreros pretéritos. Se muestra gozoso de tener visita: «Mezclad bebida más fuerte», ordena a su secuaz.

Vertidas las libaciones, Odiseo expone la apremiante situación de los griegos—vapuleados esa jornada por obra casi exclusiva de un hombre, Héctor, el héroe troyano—. A diferencia de Aquiles, cuya reputación bélica le había precedido hasta la llanura del Escamandro, Héctor había descubierto recientemente su talento para matar —«He aprendido a ser valeroso», comenta a su aterrorizada esposa—. En la lid de aquel día se había mostrado particularmente brillante. Cuando un arquero griego que apuntaba a Héctor mató en su lugar al auriga, este saltó del carro, alzó una piedra y machacó la clavícula del arquero aun cuando otra saeta yacía enhesta en su arco. Entonces Héctor arenga a sus huestes para repeler a los invasores, su aspecto enloquecido aunque resuelto en la persecución se asemeja, en palabras del poeta, «al perro que acosa con ágiles pies a un jabalí o a un león, le muerde, ya los muslos, ya las nalgas, y observa si vuelve la cara».

En su arenga a Aquiles, Odiseo describe las furias bélicas de Héctor como «irrefrenables». Y se las atribuye, algo misteriosamente, a una suerte de posesión, a una «furia poderosa» que se ha adueñado del héroe troyano. Héctor ha amenazado con descender sobre el campamento griego al amanecer, para desmantelar e incendiar sus naves, y luego, cegada su presa por el humo, aniquilar también a los propios griegos. Sin Aquiles —advierte Odiseo—, bien podría el troyano cumplir su promesa. Pero, si Aquiles retorna, casi con certeza dará muerte a Héctor, pues esa misma «furia» lo ha cegado, haciéndole creer que ningún hombre, ni siquiera Aquiles, le iguala en el campo de batalla.

¿Qué es esta furia peculiar que, en opinión de Odiseo, se ha apoderado de Héctor, espoleándolo a realizar osados actos de coraje marcial pero exponiéndolo a una vulnerabilidad mortal? No se trata de una cólera ordinaria. Las epopeyas de Homero rebosan de ira, emplea al menos nueve términos distintos para describir sus sutiles matices. La *Ilíada*, comienza con la palabra «μῆνιν», «*menin*» (cólera o ira). Enmarca toda la epopeya en torno a la «cólera» de Aquiles[3]. Pero aquí, en la presentación de Odiseo ante Aquiles, el término que usa para aquello que ha provocado tal frenesí en Héctor es «*lyssa*», y denota algo mucho más primitivo. No ha sido usado en ningún otro lugar del poema antes de esta escena, y salvo una notable excepción, el término no volverá a aparecer durante el resto del relato. Es un vocablo estrechamente vinculado a la palabra «λύκος», «*lykos*» (lobo), y se emplea para connotar un estado animal más allá de la cólera, una demencia insensata, una feroz rabia lobuna. Más tarde, en las tragedias, Lyssa aparece a veces personificada, empujando a Heracles a asesinar a su familia y llevando a la madre y a la tía de Penteo a despedazarlo. Las pinturas de vasijas la representan ocasionalmente con forma femenina que porta una cabeza de perro a modo de casco.

En el reino de la epopeya y el mito, la *lyssa* es imposible de definir inequívocamente. En la prosa fáctica del Ática griega, la palabra tenía un significado muy literal: rabia. Por mucho que dudemos —siguiendo la advertencia de Susan Sontag— en recurrir a las enfermedades como metáforas, semejantes vínculos apenas pueden resistirse incluso hoy,

---

3   *Nota del editor.* Así comienza el canto primero de la *Ilíada*: «μῆνιν ἄειδε θεὰ Πηληϊάδεω Ἀχιλῆος...» «Canta, oh diosa, la cólera del Pelida Aquiles; cólera funesta que causó infinitos males a los aqueos y precipitó al Orco muchas almas valerosas de héroes, a quienes hizo presa de perros y pasto de aves—cumplíase la voluntad de Júpiter—desde que se separaron disputando el Atrida, rey de hombres, y el divino Aquiles».

cuando la aparición de nuevas dolencias —casi siempre originadas en poblaciones animales— nos amenaza con formas imprevistas de muerte. Imaginen lo inconcebible que habría resultado desligar tales vínculos en una época anterior al conocimiento de los virus, cuando las enfermedades se propagaban por medios que ni el ojo más agudo podía percibir ni la mente más perspicaz adivinar. En esta convergencia particular —la asociación de la rabia con la idea de una posesión salvaje— resulta casi imposible determinar cuál de los dos elementos precedió al otro, ya fuera en términos cronológicos o de otra índole. Ambos estuvieron presentes desde el principio. Vincular esos dos estados —el médico y el metafórico— era algo natural, tanto en el sentido biológico como en el sentido más espontáneo de la palabra. La *lyssa* era extraña, bizarra, aterrorizante; violenta y brutalmente destructiva; en último término (y patéticamente) autodestructiva. Hacía que las criaturas mutilaran y mataran a quienes más querían. Vaciaba la razón y no dejaba sino frenesí.

Tras el discurso de Odiseo a Aquiles, la *lyssa* hace una última y dramática entrada en la *Ilíada*. Aunque al principio resiste la súplica, Aquiles retorna al combate. Conduce a los griegos hasta las puertas de Troya, que se abren para cobijar a los guerreros troyanos en su desesperada retirada. La predicción de Odiseo está destinada a cumplirse. Héctor, inmutable ante los ruegos de sus padres, aguardará fuera de las puertas de la ciudad al día siguiente —«como una serpiente aguarda a un hombre junto a su madriguera, en las montañas, henchida de malignos venenos»— con el

Los troyanos recogen a los caídos. Ilustración de la *Ilíada*.

propósito de combatir él solo contra el héroe griego. En vísperas de este encuentro fatídico, mientras el rey de Troya abre las puertas de su ciudad condenada, Aquiles persigue a los troyanos fugitivos con la lanza en alto, y la «poderosa *lyssa* posee implacablemente su corazón».

*   *   *

La rabia siempre ha estado con nosotros. Desde que existe la escritura, hemos dejado constancia de ella; y desde que compartimos nuestra vida con los perros, esa amenaza latente en su interior se nos ha revelado de tanto en tanto. Pero quizá la prueba más elocuente de su antigüedad sea esta que la rabia figura incluso como motivo en uno de los primeros chistes registrados de la humanidad (Pasad de largo si ya lo conocéis):

Un babilonio es mordido por un perro. Viaja a Isin, ciudad de la renombrada diosa de la salud. Allí, un sumo sacerdote recita una incantación sobre él, y el paciente queda muy complacido con la calidad de la atención.

—¡Bendito seáis por la curación que habéis realizado! —exclama el visitante—. Debéis venir a Nippur, donde vivo. Os traeré un manto de los cortes más selectos y os daré cerveza de cebada para beber: ¡dos jarras llenas!

Para su sorpresa, el sacerdote acepta la invitación.

—¿A dónde en Nippur habré de acudir? —pregunta.

—Pues bien —continúa el paciente con cierta vacilación—, entrad por la Puerta Grande... seguid la avenida Ancha, luego el bulevar, continuad por la calle Derecha a vuestra izquierda. Una mujer llamada Beltiya-sharrat-Apsi, que cuida un huerto allí, estará sentada vendiendo hortalizas. Preguntadle y ella os indicará el lugar.

Pese a estas direcciones sospechosamente difíciles (¡la calle Derecha a la izquierda!), el viejo doctor, de algún modo, consigue llegar a la huerta en cuestión. Pero resulta que Beltiya-sharrat-Apsi es la mujer más antipática del mundo. Además, habla un dialecto nipuriano tan cerrado, que ella y el santo varón de Isin apenas pueden comunicarse. Tras un tortuoso intercambio de palabras el sacerdote se da por vencido y el paciente (se sobreentiende) nunca se ve obligado a cumplir con su prometido copago.

Esta chanza, que fue encontrada inscrita en una tablilla de arcilla y seguramente sería más divertida en el acadio original, nos plantea una pregunta: ¿Por qué, ante una herida tan común como la mordedura de un perro, se aventuraría un paciente a hacer el camino desde Nippur hasta Isin, una distancia de casi treinta kilómetros, para ver a un sanador? Y no cualquier sanador, el texto cuneiforme indica que el sumo sacerdote no es otro sino el principal *šangû* del templo de Isin —que, de nuevo, era la ciudad de la diosa de la medicina—. Por una mordedura de perro, este babilonio se ha apresurado a visitar el equivalente a la Clínica Mayo.

Bien podría esto ser parte del chascarrillo. Pero existe amplia evidencia en los registros de la antigua Mesopotamia de que las mordeduras de perro se temían por una razón muy racional y aterradora. Casi dos mil años antes de Cristo, las Leyes de Eshnunna —precursoras del Código de Hammurabi— estipulan el castigo para el propietario de un «*kalbum šegûm*» (perro rabioso): «Si un perro enloquece de rabia y la autoridad del distrito lo hace saber a su dueño, pero él no vigila a su perro de suerte que muerda a un hombre y cause su muerte, el propietario del perro pagará cuarenta siclos de plata; si muerde a un esclavo y causa su muerte, pagará quince siclos de plata».

Asiriólogos contemporáneos han encontrado referencias a la rabia en correspondencia privada («Como un perro rabioso, no sabe dónde morderá después»); en los augurios de quienes interpretaban las vísceras (un agujero en una sección concreta del estroma de un hígado indicaba que un hombre contraería rabia); en la astrología (se decía que los eclipses lunares en algunos meses presagiaban brotes de rabia entre los perros), y en la *Profecía de Marduk*, texto apocalíptico del primer milenio a. C. en el cual Marduk, entonces la deidad preeminente, amenaza con abandonar Babilonia y así desatar una serie de plagas, siendo la última de ellas la rabia:

Enviaré a los dioses del ganado y el grano a los cielos. El dios de la cerveza enfermará el corazón de la tierra. Los cadáveres de la gente obstruirán las puertas. El hermano comerá al hermano, el amigo matará con un arma al amigo, los leones cortarán los caminos. Los perros enloquecerán de rabia y morderán a la gente, y todas las personas a quienes muerdan morirán.

La rabia también figura en algunas de las incantaciones que se empleaban por el sumo sacerdote de Isin con el fin de curar la enfermedad. Una lista babilónica de males, que agrupa la mordedura de perro junto con el aguijonazo del escorpión y la picadura de la serpiente, describe la afección canina como «la mordedura que crece». Las incantaciones contra este mal emplean una curiosa metáfora para describir lo que las fauces del perro han dejado en la herida: «el semen que lleva en su boca», y «donde ha mordido, ha dejado su hijo». Otra incantación expresa esto con gran concisión: «¡Que la mordedura del perro no produzca cachorros!». Dadas cuántas contingencias existen en la transmisión del virus de la rabia —que el animal esté realmente rabioso y no sea simplmente un perro agresivo, que su mordedura perfore efectivamente la piel, que el virus sea capaz de echar raíces en el sistema nervioso y comience su ascenso al cerebro...—, los médicos mesopotámicos a menudo habrían creído que sus hechizos curaban al paciente. «¡Eliminad la locura de su rostro y el miedo de sus labios!», exhortaba un hechizo. «¡Que muera el perro y sobreviva el hombre!», clamaba otro.

Una incantación sumeria contra la rabia ordena al sacerdote hacer magia sobre agua purificada, que el paciente debe entonces beber: «¡Arrojad el hechizo al agua! ¡Dad de beber el agua al paciente, para que el veneno pueda salir!». Dado que la hidrofobia se ha presentado a lo largo de la historia como el síntoma definitorio de la enfermedad, este tratamiento prescrito resulta algo irónico.

Bajorrelieve del Palacio Real de Nínive, circa 645-635 a. C. [The British Museum].

*   *   *

Nuestra historia de la medicina tiende a favorecer a los griegos —es comprensible dado el legado de Hipócrates (c. 400 a. C.) y las generaciones de autores médicos que expandieron su sabiduría en los siglos siguientes—; pero, posiblemente, la mejor descripción de la rabia del mundo antiguo apareca en el *Sushruta samhita*, el texto clásico del ayurveda, el sistema tradicional indio de medicina. La autoría de este tomo se atribuye a su homónimo, Sushruta, quien practicó la medicina en la ciudad de Varanasi, a orillas del Ganges. La mayoría de los historiadores contemporáneos sitúan a Sushruta en el siglo I o II d. C., aunque algunos lo ubican mucho antes. Por un lado, el texto fue editado concienzudamente por un discípulo posterior llamado Nagarjuna, quien vivió en algún momento entre los siglos V y X d. C. Por otro, se dice que el *Samhita* recopila la sabiduría del venerado ancestro de Sushruta, Divodasa Dhanvantari, quien según todos los relatos vivió en el 1000 a. C. o incluso antes.

Sea como fuere, el *Samhita* es un compendio médico deslumbrante para su época. Sushruta es conocido por los historiadores médicos como el padre de la cirugía y, en efecto, el *Samhita* documenta una gama asombrosa de procedimientos, desde la rinoplastia hasta la cesárea. El texto incluye dieciocho capítulos que describen unas cincuenta y una operaciones diferentes, muchas de ellas con precisión.

Dedica casi mil palabras a la rabia y, basándose en las versiones del texto que nos han llegado, identifica correctamente muchos aspectos de la enfermedad. Reconoce que los humanos contraen la dolencia y puede decirse que describe los síntomas típicos: «Una persona mordida por un animal rabioso ladra y aúlla como el animal por el cual ha sido mordida», causándole perder las «funciones y facultades de un humano». Los antiguos ayurvédicos también reclaman el honor de ser los primeros eruditos médicos en reconocer el fenómeno de la hidrofobia propiamente dicha y afirmar que, cuando la enfermedad en humanos llega a esa fase, es invariablemente fatal: «Si, llegado el caso, el paciente se muestra aterrorizado ante la vista o mención del nombre del agua, debe entenderse que ha sido afligido por el «*jala-trasa*» (miedo al agua) y debe considerársele condenado».

Aunque la enfermedad se presenta como una interacción del «viento» del humano y la «flema» del animal —*vayu* y *kapha*, respectivamente, conceptos que perviven hoy en la práctica del ayurveda—, el *Samhita* reconoce que la rabia es fundamentalmente neurológica por naturaleza, y también proporciona una descripción bastante precisa de la rabia tal como se manifiesta en los animales:

> El *vayu* corporal, en conjunción con el *kapha* de un chacal, perro, lobo, oso, tigre o de cualquier otra bestia feroz semejante, afecta los nervios sensoriales de estos animales y abruma su instinto y conciencia. Las colas, mandíbulas y hombros de tales animales enfurecidos se abaten, y se acompaña por un flujo copioso de saliva desde sus bocas. Las bestias, en tal estado de frenesí, cegadas y ensordecidas por la cólera, vagan por doquier y se muerden unas a otras.

Entre los venerados griegos, la comprensión médica de la *lyssa* no era ni mucho menos tan sofisticada. La referencia a la enfermedad no aparece explícitamente en Hipócrates. Aristóteles sí aborda la rabia directamente en su tratado *Historia de los animales*, aunque yerra en casi todos los aspectos que desarrolla. «Los perros», escribió con extraña confianza, «padecen solo tres enfermedades: *lyssa* (rabia); *cynanche* (dolor de garganta severo o amigdalitis), y *podagra* (gota)».[4]

El filósofo también sostenía la creencia de que los humanos no podían contraer rabia: «La rabia enloquece al animal, y cualquier animal excepto el hombre contraerá la enfermedad si es mordido por un perro así afligido; la enfermedad es fatal para el propio perro, y para cualquier animal que pueda morder, excepto el hombre». (Aristóteles añadió que el elefante, generalmente considerado entonces inmune a las enfermedades, «ocasionalmente está sujeto a flatulencia»).

---

4   El filósofo, R. H. A. Merlen, autor del excelente volumen titulado *De Canibus: Dog and Hound in Antiquity*, conjetura que la *cynanche* era en realidad una forma de rabia —la llamada rabia muda, en la cual el perro afligido, en lugar de enfurecerse, permanece mudo con la boca abierta—. Merlen señala que Aristóteles caracteriza la *cynanche* como fatal en los perros, a diferencia de cualquier dolencia de garganta que se presente comúnmente.

Si las estimaciones son ciertas, en los primeros dos siglos d. C. —aproximadamente el mismo período en que Sushruta practicaba sus maravillas quirúrgicas— la tradición grecolatina de medicina sí empezó a desarrollar una comprensión sofisticada de la rabia. Esta conciencia comienza con Aulo Cornelio Celso, que nació alrededor del 25 a. C. y escribió durante la primera parte del siglo I. Poco se conoce de su vida, a pesar de vivir en una civilización que se tomaba grandes molestias para documentar las hazañas de hombres que consideraba suficientemente dignos —Plinio el Viejo, el historiador y naturalista del siglo I, lo sitúa en la parte meridional de la actual Francia, basándose en su referencia a una vid nativa de esa región—. No era un médico, sino un enciclopedista que compiló su *De medicina* siguiendo en gran medida las fuentes griegas. Pero, aunque sus notas sobre la hidrofobia van mucho más allá del silencio de Hipócrates y el desacierto de Aristóteles, no arrojan mucha más luz. Sí reconoce la existencia de la hidrofobia: «una enfermedad muy angustiosa, en la cual el paciente es torturado por la sed y por el pavor al agua simultáneamente», y relata el hecho de que «en estos casos hay muy poca ayuda para el que sufre». Sin embargo, su descripción de la dolencia termina ahí; el resto es una serie muy elaborada, y sombríamente divertida, de tratamientos que abordaremos después.

Fue un siglo después de Celso cuando emergió una escuela de pensamiento científico que espoleó a la tradición clásica hacia una mejor comprensión no solo de la rabia sino de la medicina en su conjunto. Esperando escapar de las limitaciones intelectuales de los empiristas —que rechazaban la experimentación y todos los enfoques teóricos de la medicina, sosteniendo que los médicos debían trabajar basándose únicamente en lo que podían percibir a simple vista— estos eruditos se llamaron a sí mismos metódicos (miembros de la μεθοδικοί, la escuela metódica), y propusieron una teoría positiva de cómo funcionaba el cuerpo humano. El hecho de que su teoría —que implicaba concebir las enfermedades como afecciones y considerar sus efectos holísticamente— resulte al pensamiento contemporáneo disparatada no es importante. El enfoque de los metódicos en mejorar la terapia vigorizó toda la empresa de estudiar y escribir sobre la salud humana.

Del fundador de la escuela metódica, Temisón (siglo I a. C.), y de uno de sus discípulos, Eudemo, se decía que habían sobrevivido ataques de perros rabiosos; y cualquiera de ellos pudo haber sido el autor original de un texto anónimo, casualmente fechado en el siglo I d. C., que trata extensamente sobre la rabia. Aún más notables son las anotaciones sobre hidrofobia realizadas por Sorano, médico metódico de Éfeso (siglo I o II d. C.) de la costa occidental de lo que ahora es Turquía. Mejor conocido hoy por sus pensamientos perspicaces sobre ginecología, Sorano también dejó atrás —en sus tratados sobre enfermedades agudas y crónicas, que sobreviven en una traducción latina completa realizada por Celio Aureliano durante el siglo V— algunas secciones bastante extensas sobre la hidrofobia y su tratamiento.

A diferencia de la mayoría de sus predecesores, Sorano reconoció que el contacto con animales rabiosos es el único medio por el cual se propaga la hidrofobia. Incluso da un ejemplo aparentemente inverosímil que de hecho podría ser posible, dado lo que sabemos hoy sobre la enfermedad:

> Una vez, cuando una costurera se preparaba para remendar un manto desgarrado por las mordeduras de un animal rabioso, ajustó los hilos en el extremo, usando su lengua, y luego, mientras cosía, lamía los bordes que se unían, para facilitar el paso de la aguja. Se informa que dos días después fue atacada por la rabia.

Se deduce que Sorano se basaba en la observación minuciosa de enfermos de rabia, dada su exhaustiva y plausible lista de síntomas, que incluye no solo repulsión al agua sino pulso agitado, fiebre, incontinencia, temblores, y —anotado por primera vez— eyaculación involuntaria. Reprende correctamente a un escritor anterior por haber afirmado que la enfermedad puede a veces progresar a lo largo de años. Incluso rebate a Eudemo, sucesor de Temisón, por su idea de que la depresión y la hidrofobia eran lo mismo. «Las víctimas de la hidrofobia mueren rápidamente», escribe Sorano, «pues no es solo una enfermedad aguda sino que además es implacable».

A lo largo de esta vasta extensión de la historia, la amenaza constante de la rabia —ocasional pero temible— no fue sino un obstáculo más en la relación íntima y compleja entre las primeras civilizaciones con el perro. En este punto, los perros habían sido domesticados —o se habían domesticado a sí mismos, como creen ahora los eruditos— durante al menos diez mil años, y sin embargo su papel en la sociedad era profundamente disonante. Basándose en hallazgos de dientes y huesos en yacimientos mesopotámicos, los arqueólogos han concluido que perros semisalvajes vagaban por las ciudades como carroñeros, alimentándose de desperdicios. Pero otros canes eran verdaderos compañeros, y de cuyas acciones alguien era responsable, como atestiguan las Leyes de Eshnunna. Junto con los otros avances concomitantes de la civilización, tales como construcción de ciudades o la palabra escrita, la cría controlada de perros emergió durante este período. Restos de lebreles —una línea de perros de pura raza que persiste hasta el día de hoy en forma de corredores tan gráciles como los galgos, los whippets y los salukis— se han encontrado en la región con una antigüedad de hasta el 3500 a. C. Los perros también figuraron en la simbología religiosa de la antigua Mesopotamia.

En una curiosa conexión con nuestro chiste, el perro parece haber sido invocado como símbolo de Gula, el espíritu de la curación; cuando los arqueólogos excavaron su templo en Isin, el mismísimo sobre el cual se dice que presidía el sumo sacerdote, lo encontraron repleto de figurillas de perros. Más tarde, el rey Nabucodonosor II, en escritos de alrededor del 600 a. C., documenta que se depositaban estatuillas de perros hechas con metales preciosos, como ofrendas, en el templo de Gula en Babilonia.

Escena de un sello cilíndrico neoasirio que representa a un enfermo en una cabaña, un perro y una mujer en duelo. Según B. Teissier, 1984, n.º 231. Publicado en: T. Ornan, *The Goddess Gula and Her Dog*, Israel Museum Studies in Archaeology 3 (2004): p. 20.

Escultura que representa a Gula, expuesta en el Wellcome Historical Medical Museum de Londres. La obra se atribuye al artista Hibbert Charles Binney R.S.B.A. (1872-1951), autor de otras piezas similares para la institución [Welcome Collection].

Así, los perros ocuparon tanto los peldaños más bajos como los más altos en el bestiario de nuestra historia. Lastimosos carroñeros y hurgadores de basura, pero también compañeros de caza, tótems y amigos. Una naturaleza dual que persiste en el presente, como puede presenciarse vívidamente en las calles de cualquier ciudad del mundo en desarrollo, donde los ejemplares que llevan collar coexisten incómodamente con aquellos abandonados. Una dualidad que se remonta hasta el mismísimo comienzo de la historia canina, hasta las primeras criaturas que se ganaron el nombre de *Canis familiaris*. Los científicos teorizan que el hogar indispensable de la domesticación fueron los basureros humanos, con los lobos que carroñeaban allí hace unos quince mil años, amansándose gradualmente. Estudiando el ADN mitocondrial de especímenes alrededor del mundo, los genetistas han rastreado el punto cero de esta domesticación ancestral, señalando el sur de China; lo que significa que, basándose en tradiciones locales y registros arqueológicos, los primeros perros quizás fueron criados como alimento. Los huesos de perro encontrados por arqueólogos en esa región están a menudo marcados con cortes de cuchillo.

No obstante, el perro se convirtió casi de inmediato en algo más que comida. La misteriosa habilidad de estos animales para percibir los estados de ánimo y necesidades humanas es, casi con certeza, instintiva antes que producto de la selección, de modo que podemos imaginar el lento cortejo entre humano y bestia tal como se habría desarrollado a lo largo de siglos. Sin tener que ser especialmente entrenados, algunos perros habrían comenzado a ejercer como animales de guardia, alertando a los humanos de intrusiones potenciales, protegiendo alimento y otras posesiones de asaltos externos. Pronto, con entrenamiento, estas protomascotas habrían estado cazando, tirando de trineos y pastoreando ganado; hombre y perro creando la civilización en una simbiosis perfecta.

Sin embargo, la mano que alimenta al perro ha sido, no solo mordida por él, sino ocasionalmente devorada. La rabia revela el lado siniestro que se puede ocultar tras la mirada tierna de cualquier can; incluso sano no duda en alimentarse del cadáver humano en caso necesario, aunque se trate de quien fuera su amigo o amo. En la antigua India, la ambivalencia hacia los perros se expresó con elocuencia en un texto sagrado llamado *Nishidachur*, que dice que los dioses «vienen al mundo de los hombres en forma de *yakshas*, es decir, perros. Son venerados cuando hacen el bien, y no, cuando no lo hacen». La literatura india está plagada de imágenes de perros como carroñeros en campos de batalla; en un texto sagrado, el infierno se retrata como un lugar donde los gobernantes malignos son devorados por 720 perros con colmillos de acero. Y, sin embargo, los perros eran criados habitualmente como mascotas por la élite y sus favores eran considerados auspiciosos. Una antigua obra anota: «Si un perro alegre se cruza frente a frente con un hombre, retozando y revolcándose en el suelo frente a él, vendrá una gran ganancia de riqueza cuando emprenda un viaje».

Esta dicotomía canina alcanzó su máxima expresión entre los antiguos egipcios, quienes veneraban al dios-perro Anubis, como deidad suprema, a la vez que criaban elegantes lebreles —cuya silueta estilizada perdura, según algunos, en los actuales podencos faraónicos[5]—. Una tumba excavada en Abidos, del 3300 a. C., construida durante el Alto Egipto prefaraónico para un gobernante desconocido, muestra evidencia del entierro ritual de perros, que se convertiría en práctica común. Una tumba en Hieracómpolis de aproximadamente la misma época (descubierta a finales del siglo XIX, pero luego arruinada) estaba decorada con una escena de caza con perros y contenía los restos de múltiples canes domesticados; la excavación de la tumba de la reina Herneith, que gobernó unos pocos siglos después, encontró el esqueleto de su perro extendido a través de la entrada a su tumba, guardando su hogar en el más allá. En el arte, los sabuesos eran a menudo representados con correas, y estaban ampliamente presentes en la sociedad; el Antiguo Egipto era un paraíso canino, un lugar donde —si hemos de creer a Heródoto— la muerte de un perro casero induciría a su dueño a afeitarse no solo la cabeza, sino todo el cuerpo.

Y, sin embargo, incluso en Egipto los perros asilvestrados suponían una amenaza constante en las calles de ciudades y aldeas; en el *Libro de*

---

5   *Nota del editor.* El podenco del faraón, *pharaoh hound* o *Kelb tal-Fenek* es una raza maltesa de perro tradicionalmente empleada para la caza del conejo en el terreno rocoso de las islas; su nombre maltés significa precisamente «perro conejero». La Federación Cinológica Internacional lo clasifica dentro del grupo «Spitz y razas primitivas», y presenta similitudes con otras razas mediterráneas como el cirneco del Etna, el podenco andaluz, el podenco canario, el podenco ibicenco y el podenco portugués. Es la única raza canina maltesa con reconocimiento internacional.

los muertos, los perros son aludidos en una súplica del narrador difunto a Ra, la deidad solar, contra una fuerza que «arrebata almas, que engulle materia putrefacta, que se alimenta de carroña, que se adhiere a las tinieblas y mora en la penumbra, de quien los débiles tienen miedo». Las referencias a los perros como carroñeros en Egipto se encuentran tanto en los relatos de la Biblia hebrea como en papiros que documentan la época romana allí.

Al igual que los egipcios, los griegos amaban a sus elegantes perros de caza y los consideraban amigos y compañeros leales. En la antigua Grecia surgió un nuevo género literario, el *cynegeticon*, dedicado a ensalzar al sabueso y a prescribir su correcta cría y cuidado. El más destacado (y probablemente primero) de estos manuales fue escrito por el soldado e historiador Jenofonte, que había presenciado el poder de la *lyssa* durante una campaña militar. De un enemigo que huía escribió, con cierta jactancia: «Temían que alguna *lyssa*, como la de los perros, se hubiera apoderado de nuestros hombres».

Tras ser desterrado de Atenas a la localidad peloponesia de Escilo, Jenofonte pasó sus años posteriores a la vida militar en un feliz ensueño de caza y escritura, aficiones que confluyeron en su *Κυνηγετικός* (*Cynegeticus*). Allí describe a sus sabuesos ideales con suntuoso detalle: cabeza plana y musculosa, orejas pequeñas y finas, cola larga y recta, ojos negros y brillantes; las patas delanteras «cortas, aplomadas, redondeadas y firmes»; las caderas «redondas y carnosas por detrás, no juntas en la parte superior, y lisas por dentro»; las patas traseras «mucho más largas que las delanteras y ligeramente curvadas». Un respeto profundo impregna cada línea del *Cynegeticus*. Jenofonte avisa al cazador para que no emplee collares que puedan rozar indebidamente el pelaje del perro. Prescribe las alabanzas que se deben prodigar a los sabuesos mientras persiguen a la liebre. «¡Ahora, sabuesos, ahora!», exhorta a gritar. «¡Bien hecho! ¡Bravo, sabuesos! ¡Bien hecho, sabuesos!».[6]

---

6   Jenofonte incluso enumera, con humorada prolijidad, una lista de nombres ideales para perros: Psique, Brío, Escudo, Grifo, Lanza, Sabueso, Centinela, Guardián, Brigada, Espadachín, Carnicero, Llamarada, Valentía, Artesano, Guardabosques, Consejero, Saqueador, Prisa, Furia, Gruñón, Motín, Floreciente, Roma, Flor, Hebe, Hilario, Júbilo, Mirón, Brillo, Mucho, Fuerza, Soldado, Bullicio, Burbujeo, Paloma, Terco, Aullido, Asesino, Chico Fuerte, Cielo, Rayo de sol, Aguja, Melancólico, Gnomo, Huellas, Relámpago —«nombres cortos», razona, «que resulten fáciles de llamar»—.

William-Adolphe Bouguereau (1825-1905), *Homero y su guía* (1874). En esta obra académica, presentada en el Salón de 1874, Bouguereau representa al poeta Homero, ciego y acompañado por un perro, siendo conducido por un joven pastor. La escena, inspirada en un poema de André Chénier, combina lo épico con lo cotidiano y simboliza la cultura que avanza pese a la ceguera, sostenida por la humildad y la bondad del guía. La imagen muestra al lazarillo sosteniendo una piedra en la mano, quizá para defenderse a sí mismo y a Homero de un posible ataque. Al fondo, un joven espanta a dos perros que, presumiblemente, han atacado a su compañero [Museo de Arte de Milwaukee].

No obstante, también merodeaban por los campos y ciudades griegas perros carroñeros, que llevaban consigo el hedor de la muerte. La *Ilíada* invoca al perro quizá una veintena de veces como devorador de carne de cadáver. La primera mención aparece en la segunda frase de la primera estrofa de la epopeya: «cólera funesta que causó infinitos males a los aqueos y precipitó al Orco muchas almas valerosas de héroes, a quienes hizo presa de perros y pasto de aves». El propio padre de Héctor, el anciano rey Príamo, capta la triste ironía del destino que le aguarda cuando contempla su inminente muerte a manos de Aquiles: «Mis perros, delante de mi umbral», profetiza: «Y cuando, por fin, alguien me deje sin vida los miembros, hiriéndome con el agudo bronce o con arma arrojadiza, los voraces perros que con comida de mi mesa crié en el palacio para que lo guardasen despedazarán mi cuerpo en la puerta, beberán mi sangre, y, saciado el apetito, se tenderán en el pórtico. Yacer en el suelo, habiendo sido atravesado en la lid por el agudo bronce, es decoroso para un joven, y cuanto de él pueda verse todo es bello, a pesar de la muerte; pero que los perros destrocen la cabeza y la barba encanecidas, y las vergüenzas de un anciano muerto en la guerra es lo más triste de cuanto les puede ocurrir a los míseros mortales».

La palabra «perro» también se lanzaba como epíteto para denigrar al hombre o la mujer sin pudor; en la *Ilíada* vemos a Iris insultando así a Atenea, y a Helena de Troya aplicándoselo con tristeza a sí misma.

Más allá de su afición por la carne de cadáveres, el perro también podía sucumbir en cualquier momento (literal o metafóricamente) a la locura frenética de la *lyssa*. No hay que ir más lejos que al destino mítico de Acteón, el cazador cuya desgracia suprema fue tropezar con Diana, diosa de la caza, mientras se bañaba en el bosque. Para castigarlo, ella lo transforma en ciervo, provocando una metamorfosis bestial que causa su muerte. Sus propios perros, presos de la *lyssa*, al verlo bajo su nueva forma se abalanzan sobre él y lo despedazan miembro a miembro.

Ovidio, en las *Metamorfosis* —un compendio universal de transformaciones de lo humano en animal— describe ambas transiciones con sobrecogedora agudeza, permitiéndonos experimentar la metamorfosis desde la conciencia todavía humana del cazador. Acteón se da cuenta de que se ha convertido en ciervo solo al contemplar su reflejo en un estanque. «¡Desdichado de mí!», intenta exclamar al verse, pero solo logra emitir un bramido, y entonces comprende que ese berrido, para él, «era ya palabra». Su cuerpo se ha vuelto extraño —«las lágrimas corrían por unas mejillas que ya no eran suyas»— mientras su mente permanece intacta, lo que le permite captar todo el horror de su situación.

Casi de inmediato aparecen los perros, antes sus pupilos pero ahora sus perseguidores, «abalanzándose sobre él como una tormenta». Su mente consciente se detiene en cada uno, uno por uno, recordando sus nombres y, a veces, algún detalle entrañable que solo un dueño podría conocer: Veloz y Lobo son hermanos, mientras que Pastora guía a dos cachorros de su última camada; Silvia ha sido «herida hace poco por un jabalí». Se mencionan por su nombre unos treinta y cinco perros, con «muchos más, demasiado numerosos para nombrarlos», todos ellos criados y alimentados por él; ahora lo embisten convertidos en una turba babeante, «ansiosos por probar su sangre».

Es difícil decidir cuál de estos dos rostros de la *lyssa* resulta más horrible, ya sea en la visión de Ovidio o en la nuestra. El hombre convertido en animal, o el cazador perseguido por sus queridos perros.

Quizá el símbolo antiguo más perdurable de las dos naturalezas en pugna del perro sea Cerbero, el aterrador can guardián cuyo ojo vigilante y fauces temibles impedían que los muertos escaparan del Hades y regresaran al mundo de los vivos. Las descripciones de su fisiología varían considerablemente según las distintas versiones: unas veces se le atribuyen dos cabezas, otras tres, cincuenta o incluso cien; su cola puede ser la de una serpiente, o no; a veces brotan de su cabeza y cuello cabezas de serpiente, a modo de espantosa melena. Pero pese a todas esas innovaciones monstruosas, siempre se lo describe como un perro. Un perro «maldito», «temible» o «salvaje», quizás, pero un perro al fin y al cabo, pariente inconfundible de aquellos que caminan por la tierra y lamen a sus habitantes. Incluso podía ser considerado un buen perro en ocasiones. Según lo describe Hesíodo, Cerbero era bastante amistoso con los moribundos, al menos en el momento de su llegada; de hecho, los recibía con muestras de afecto, «con el movimiento de la cola y de ambas orejas». Solo cuando intentaban regresar a la vida se lanzaba sobre ellos con fiereza, llegando incluso a devorarlos. La muerte es una frontera que solo puede cruzarse libremente en una dirección, y custodiar esa frontera es un papel perfecto para un perro. Amigo natural, por un lado —una de sus psiques—; atacante salvaje y devorador de cadáveres, por el otro; ambas naturalezas conviviendo en una misma e inquietante forma de cuatro patas.

No era únicamente el poder destructor de las muchas fauces de Cerbero lo que inspiraba temor. La «baba de Cerbero» se incluye en la lista de sustancias venenosas de la *Metamorfosis*, junto con una leyenda según la cual esa saliva rabiosa, esparcida por los labios del can infernal y salpicando el campo de batalla, dio origen a una planta notoriamente venenosa, el acónito —también conocida como «mataperros»—. Como señaló el historiador veterinario John Blaisdell, los síntomas de la intoxicación por acónito en humanos guardan cierta semejanza con los de la rabia. Pueden incluir saliva espumosa, pérdida de visión, vértigo y, finalmente, coma. No es improbable que algunos griegos de la Antigüedad creyeran que este veneno, nacido míticamente de los labios de Cerbero, fuera literalmente el mismo que podía encontrarse en la boca de un perro rabioso.

* * *

Hasta el siglo pasado —y aun entonces solo en el mundo desarrollado—, los humanos habían conocido la rabia como una enfermedad del perro, una locura canina capaz de provocar en las personas una locura igualmente fatal. Pero, durante todo ese tiempo, la enfermedad también acechaba en otra especie mucho más discreta, el murciélago. De hecho, investigaciones recientes han indicado que los murciélagos albergaban la enfermedad incluso antes que los perros, hace al menos siete mil años y quizá hasta doce mil, antes de las primeras lenguas escritas y, tal vez, incluso antes de que los perros fueran domesticados a partir de los lobos.

¿Cómo se hizo este cálculo? La respuesta proviene de dos hechos sencillos sobre cómo evolucionan los virus en el tiempo. El primero es que la mayoría de las mutaciones de un virus no son ni beneficiosas ni perjudiciales para su propagación; son neutras, alterando trivialmente la secuencia genética sin modificar en lo más mínimo su capacidad de transmisión. El segundo hecho es que esas mutaciones tienden, en grandes poblaciones y largos periodos de tiempo, a producirse a un ritmo relativamente predecible. Así, dado un conjunto de cepas virales relacionadas, una computadora puede analizar los patrones de diferencia genética y organizarlos en un árbol filogenético aproximado, mostrando qué cepa evolucionó de cuál y hace cuánto tiempo se produjeron las divergencias.

En 2001, dos investigadores del Institut Pasteur de Francia usaron esta técnica para investigar un amplio conjunto de cepas del virus de la rabia —treinta y seis procedentes de perros y diecisiete de murciélagos—, y los resultados fueron bastante claros. El enigmático murciélago, una presencia más que discreta durante la mayor parte de la historia cultural de la rabia, fue probablemente el responsable de infectar al perro, y no al revés.

Esta llamada «investigación del reloj molecular» ha conducido a muchas otras revelaciones sobre los orígenes de las enfermedades. En particular, nos ha mostrado cómo muchos de nuestros peores azotes —patógenos que han asolado a la humanidad desde las primeras civilizaciones— evolucionaron a partir de poblaciones animales. Hoy sabemos que el sarampión evolucionó de una enfermedad del ganado vacuno; de modo parecido, las distintas cepas de la gripe pasan con facilidad entre nosotros y nuestro ganado (véase el capítulo VI para más detalles). Algunos de estos saltos zoonóticos animal-hombre solo se han entendido plenamente en la última década, a medida que la secuenciación del genoma ha permitido rastrear con mayor precisión el linaje genético de los patógenos. Por ejemplo, un equipo dirigido por el epidemiólogo de Stanford Nathan Wolfe anunció en 2009 que había aislado el origen de la malaria en un parásito de los chimpancés, que presumiblemente pasó a los humanos a través de la picadura de mosquitos.

Nuevas investigaciones han revelado detalles particularmente intrigantes sobre la viruela, posiblemente la enfermedad más mortífera de la historia. Un estudio, dirigido por investigadores de los Centros para el Control y la Prevención de Enfermedades de EE. UU., rastreó el origen de este notorio asesino hasta un virus de roedores, estimando que saltó a los humanos hace al menos dieciséis mil años. Lo que resulta especialmente revelador es la identificación por parte del equipo de dos cepas humanas separadas: una versión anterior y más leve que surgió en el oeste de África y las Américas, y una versión más virulenta —precursora de la cepa que mató a incontables millones durante el último milenio antes de su erradicación a fines de la década de 1970— que emergió en Asia un poco más tarde. Esto ayuda a explicar por qué la literatura, médica, y de otro tipo, de los griegos y romanos proporciona poca evidencia de que la viruela altamente mortal fuera común, a pesar de que la evidencia arqueológica muestra la clara presencia de una afección similar a la viruela en el Antiguo Egipto. El ejemplo más espectacular de esto es el cuerpo momificado del faraón Ramsés V, en cuya piel marchita pueden verse claramente el patrón de pústulas típico de la enfermedad. Esto posiblemente responde a la enigmática pregunta egiptológica de por qué Ramsés V no fue enterrado hasta casi dos años después de su muerte, mientras que otros faraones fueron inhumados solo setenta días después de su momificación; el miedo a la infección por su cadáver o la escasez de embalsamadores saludables podrían explicar el retraso.

La viruela estuvo lejos de ser la única epidemia antigua con origen en los roedores. Tanto la peste como el tifus causaron estragos gracias a las ratas, cuyas pulgas transmitían los mortales microbios a humanos atónitos. Así, a pesar de todo el énfasis puesto en el ganado durante el desarrollo de la civilización, podría argumentarse —y de hecho se ha argumentado, de manera más elegante por el biólogo Hans Zinsser en su libro de 1935, *Ratas, piojos e historia* (*Rats, Lice, and History*)— que los problemas humanos han sido agitados con mucha más fuerza por las ratas, cuya presencia involuntaria pero omnipresente en nuestras vidas, al igual que la del perro callejero, se volvió prácticamente inevitable con el surgimiento de la ciudad. En los saltos zoonóticos de enfermedades el contacto con el animal es la chispa, pero la civilización es la yesca completamente seca; un patógeno recién evolucionado no puede propagarse de persona a persona a menos que las personas se crucen frente a frente.

* * *

¿Cómo tratar a un paciente con rabia o a una víctima de mordedura de perro? Consideremos la difícil situación de un médico antiguo frente a esta pregunta. La causa de la hidrofobia, la mordedura de un animal rabioso, a menudo estaba separada por muchas semanas de su efecto, la aparición de síntomas neurológicos. Solo una fracción de las mordeduras —incluso asumiendo un animal que en realidad estuviera rabioso y no fuera simplemente un ejemplar muy agresivo— progresaba hasta la infección fatal. Ademas, era necesario distinguir los casos reales de hidrofobia de la falsa hidrofobia de los histéricos, que fue común hasta el siglo xx. Peor aún, debido a la relativa escasez de casos, los eruditos médicos antiguos a menudo compilaban supuestas curas a partir de informes de segunda y tercera mano.

Por todas estas razones, deberíamos perdonar, al menos hasta cierto punto, los extraordinarios disparates que se hacía pasar por tratamientos de la rabia en el mundo antiguo. Comencemos con el tratamiento de la mordedura. Aquí, nuevamente, el *Sushruta Samhita* se merece el mayor respeto. No solo reconoce, sin vacilar, la fatalidad de la hidrofobia, sino que prescribe un tratamiento para las mordeduras rabiosas —sangrado y cauterización de la herida— que es tan sensato como cualquier otro (e incluso delicioso, ya que recomienda cauterizar con mantequilla clarificada, que luego se invita al paciente a ingerir. También prescribe una pasta de sésamo para la herida y aconseja que se alimente al paciente con una torta especial horneada al fuego hecha

Este perro, perteneciente al período de la Dinastía Han Oriental (25-220 d. C.), está representado en un instante de intensa vitalidad. Con los ojos bien abiertos y las orejas erguidas, abre la boca como si ladrara, mostrando los dientes en una actitud de alerta y confrontación. Su cuerpo, compacto y hueco, fue modelado en arcilla, mientras que algunos detalles —como orejas, dientes y ojos— se esculpieron aparte y se añadieron posteriormente. Piezas como esta buscaban encarnar el espíritu del animal vivo y eran habituales en los complejos funerarios. Cumplían una doble función, proteger al difunto y sus pertenencias materiales, y ahuyentar a los espíritus malignos [Henan Museum].

de arroz, raíces y hojas. El paciente de Varanasi no se enfrentaba a la muerte con el estómago vacío).

En la antigua China, donde las menciones de la rabia en los textos existentes son relativamente escasas, la enfermedad sí aparece en *Terapias prácticas para emergencias* de Ge Hong, del siglo III d. C. Ge prescribe moxibustión para la herida, un proceso que implicaba quemar artemisa y aplicarla sobre la zona mordida. Es probable que esto fuera más efectivo, o al menos menos dañino, que otra de sus recomendaciones: matar al perro agresor, extraer su cerebro y frotarlo sobre la herida.

Entre los grecorromanos, quizás no debería sorprendernos que Celso, el enciclopedista, que se basaba en muchas fuentes diferentes de procedencia incierta, nos proporcione una lista de tratamientos para mordeduras de perro mucho más variada. Estos incluyen sangrado y cauterización, pero también la aplicación de sal, o incluso de un pepinillo en salmuera, sobre la herida. Algunos médicos, dice, envían a sus pacientes a un baño de vapor, «para que suden tanto como su fuerza corporal les permita, manteniendo la herida abierta para que el veneno pueda salir libremente de ella». Después de eso, los médicos vierten vino en la mordedura. «Cuando esto se ha llevado a cabo durante tres días», dice Celso, «se considera que el paciente está fuera de peligro».

Las cosas se descarrilan por completo con Plinio el Viejo. Al igual que con Ge Hong, los pensamientos de Plinio tienden a involucrar el uso del animal para tratar al hombre. Su cura más conocida —«insertar en la herida cenizas de pelos de la cola del perro que infligió la mordedura»— perdura hoy en la expresión «*hair of the dog*»[7], que se refiere a un remedio popular contra la resaca. Plinio pensaba que una larva de cualquier perro muerto era también útil, al igual que un paño de lino empapado con la sangre menstrual de una perra. O la cabeza del perro rabioso podría ser quemada hasta convertirla en cenizas, y las

---

7 *Nota del editor.* La expresión inglesa «*hair of the dog*» (literalmente, «pelo del perro») es una simplificación de «*hair of the dog that bit you*» («pelo del perro que te mordió»). Procede de una antigua creencia popular según la cual la mordedura de un perro rabioso podía curarse aplicando en la herida algunos pelos del propio animal. Con el tiempo, la frase pasó a usarse de manera figurada para designar la costumbre de beber una pequeña cantidad de alcohol, o bebida alcohólica de baja graduación, a la mañana siguiente de una borrachera, como supuesto remedio contra la resaca.

cenizas aplicadas a la herida; o la cabeza podría, simplemente, comerse directamente.

¿Ningún tratamiento que le preste confianza? Deje que el Dr. Plinio le presente algunas opciones más:

Hay un pequeño gusano en la lengua de un perro [...] si se le extrae [el gusano] al animal cuando es cachorro, nunca se volverá loco ni perderá el apetito. A las personas que han sido mordidas por un perro rabioso se les da este gusano, después de haberlo llevado tres veces alrededor de un fuego, para evitar que se vuelvan locas. Esta locura también se previene comiendo cerebro de gallo; pero la virtud de estos cerebros dura solo un año, no más. Dicen también que la cresta de un gallo, machacada, es muy eficaz al aplicarla sobre la herida; al igual que la grasa de ganso mezclada con miel. A veces también se sala la carne de un perro rabioso y se consume como remedio para esta enfermedad. Además, se ahogan en agua cachorros jóvenes del mismo sexo que el perro que infligió la herida, y la persona que ha sido mordida se come su hígado crudo. El excremento de las aves de corral, siempre que sea de color rojo, es muy útil, aplicado con vinagre; también las cenizas de la cola de una musaraña, si el animal ha sobrevivido y ha sido liberado; un terrón de un nido de golondrina, aplicado con vinagre; las crías de una golondrina, reducidas a cenizas; o la piel o la muda vieja de una serpiente que se haya desprendido en primavera, machacada con un cangrejo de río macho en vino.

«Esta muda», añade Plinio, «guardada en arcas y cajones, pues mata a las polillas».

En honor a Plinio y Celso —con una excepción, que veremos más adelante—, todos estos tratamientos propuestos se dirigen al perro rabioso o a su mordedura, no a la enfermedad en humanos. Pero incluso la manifestación fatal de la enfermedad dio lugar a algunas curas muy elaboradas y completamente quiméricas. Curiosamente, los metódicos, cuyas observaciones sobre los síntomas hidrofóbicos se volvieron cada vez más admirables con el paso de los siglos, parecen enredarse cuando concierne al tratamiento. Tanto el anónimo texto griego como, el propio Sorano más tarde, escribieron sobre el tratamiento como si la recuperación fuera más que probable. Recomendaban crear un ambiente similar al de un balneario. «Hagan que los pacientes que sufren de hidrofobia se acuesten en habitaciones bien aireadas y templadas», comentó el autor anónimo. «Masajeen sus extremidades», añadió Sorano, y «cubran con lana o paños calientes y limpios las partes afectadas por espasmos». Ambos autores presentaron la hidrofobia como un ataque agudo que a menudo remitiría con el tiempo, un juicio desconcertante que va en contra de los hechos observables. Prescribieron cataplasmas hechas de dátiles machacados con membrillos, o aceite de oliva, o melón maduro, o zarcillos de vid, o cilantro. Algunos físicos no nombrados, citados por Sorano, recomiendan que se haga un emplasto de eléboros (plantas ranunculáceas perennes) y se aplique en el ano…

La prescripción más notable, y quizás apropiada, para la hidrofobia es la ofrecida por Celso —recordemos que tuvo el buen criterio de admitir que había «poca ayuda» para el paciente en fase hidrofóbica—. Al parecer no pudo resistirse a ofrecer una pequeña cura, es decir, «lanzar al paciente por sorpresa a un depósito de agua que no haya visto de antemano». Un método, como diríamos hoy, *win-win*[8]: «Si no puede nadar, que se hunda y beba, luego sáquenlo; si puede nadar, empújenlo bajo el agua a intervalos para que beba hasta saciarse incluso contra su voluntad; porque así su sed y su temor al agua se eliminan al mismo tiempo».

Si este *protowaterboarding*[9] llegara a provocar espasmos musculares en el sujeto, Celso recomienda que sea «sacado inmediatamente del tanque y sumergido en un baño de aceite caliente». Se podría entender que un paciente prefiriera los horrores de la hidrofobia a este tratamiento tan particular.

---

8 *Nota del editor.* La expresión inglesa «*win-win*» (literalmente, «ganar-ganar») se utiliza para describir una situación en la que todas las partes implicadas resultan beneficiadas. Procede del lenguaje empresarial y de la negociación, y se ha extendido al uso coloquial como sinónimo de «beneficioso para todos» o «ventajoso en ambos sentidos».

9 *Nota del editor.* «*Waterboarding*» es un término inglés que designa una técnica de tortura que simula el ahogamiento. Consiste en inmovilizar a la persona boca arriba, cubrirle el rostro con un paño y verter agua sobre él, de modo que se produce la sensación de asfixia por inmersión. La palabra se traduce habitualmente como «ahogamiento simulado» o «tortura por inmersión simulada».

San Huberto de Tongres. Grabado de Cornelis Meyssens (1600-1699). La estampa recoge la leyenda de la conversión del santo durante una cacería, cuando un ciervo con una cruz resplandeciente entre las astas se le apareció en el bosque [Wellcome Collection].

II. *THE MIDDLE RAGES*[10]

A propósito de san Huberto, protector de cazadores y sanador de los enfermos de rabia, conviene empezar por el mito. Porque aunque la verdad sobre su vida permanece obstinadamente opaca, fue el mito —y no la verdad— lo que atrajo durante siglos a generaciones de peregrinos aterrados por mordeduras de perro. Venían de toda Europa a pie, a caballo y, con el tiempo, incluso en tren, buscando curación en el lugar donde reposaban sus reliquias sagradas.

La leyenda comienza en el siglo VII, cuando Huberto, hijo del duque de Aquitania, es todavía un joven noble en el reino franco. Huberto decide despreciar la vida cortesana y se retira a los profundos bosques de las Ardenas —esa cordillera de bellas colinas que se extiende por lo que hoy es Bélgica y llega hasta el este de Francia—. Allí se dedica al arte de la caza. Un Viernes Santo, según se cuenta, el joven persigue un ciervo cuando, de repente, la bestia se revuelve con un crucifijo flotando entre su cuerna. «A menos que te vuelvas al Señor», entona una voz celestial, para perplejidad del perseguidor del venado, «y lleves una vida santa, descenderás a los infiernos».

Huberto se inclina ante la criatura que, un momento antes, era su presa. «Señor», pregunta, «¿qué querrías que hiciera?».

---

10 *Nota del editor.* El original inglés juega con la expresión «*The Middle Ages*» (La Edad Media), que se convierte en «*The Middle Rages*». El término «*rage*», en este contexto, significa «rabia», de modo que la frase puede leerse como una deformación irónica de «La Edad Media». En español no existe un equivalente que reproduzca el doble sentido (sería algo como «La rabiedad media»), por lo que se ha optado por mantener la versión original y explicar aquí el juego de palabras.

Podría verse como una sorprendente transformación transcultural, el mito de Acteón reformulado para sostener una creencia distinta. Una vez más, un cazador se encuentra inesperadamente en compañía de una deidad. Una vez más, un ciervo es dotado de conciencia sobrenatural. Pero las resoluciones de ambos encuentros no podrían ser más opuestas. La vengativa Diana convierte a Acteón en ciervo, condenándolo a una muerte sin sentido —aunque simbólicamente apropiada— en las fauces de sus propios perros. La deidad monoteísta, en cambio, acorde con el sacrificio de Cristo, se manifiesta ella misma en la forma cazada. La narrativa medieval, como recuerda el historiador John Cummins, suele «separar a un hombre [...] de su entorno habitual, de sus compañeros, y llevarlo a un territorio desconocido», un territorio que «no es meramente topográfico, sino también emocional y, a veces, moral». En el romance popular, era en la persecución del ciervo donde los héroes se ponían a prueba a toda costa.

Sin embargo, los grandes ciervos era tan venerados —o más— como el mejor cazador; la presa más exaltada en la caza medieval, el ciervo, era considerado sagrado. Un venado perseguido por perros figuraba a veces como ilustración marginal en las biblias para simbolizar el bien acosado por el mal; un alegorista cristiano comparó las diez puntas de sus astas con los Diez Mandamientos. Los bestiarios, en su tratamiento del ciervo, invocaban el Salmo 42: «Como el ciervo brama por los arroyos, así clama por ti, oh Dios, el alma mía». El diablo, mientras tanto, era retratado como un cazador, tendiendo trampas a su presa humana. Una obra alemana del siglo xiv llega a decir que el propio Cristo fue perseguido y asesinado por «los perros del infierno y el cazador infernal, el diablo».

Como sugiere ese último ejemplo, el perro no se veía bajo una luz ni remotamente tan favorable. Aunque los bestiarios solían reconocer sus cualidades útiles, también se recreaban en imágenes poco halagüeñas. Así, el pecador recalcitrante se comparaba con el perro que lame su propio vómito. En términos generales, la expansión del cristianismo entre los siglos iv y viii consolidó una visión mucho más sombría de los canes, una perspectiva literalmente inscrita en las Sagradas Escrituras. De las cuarenta y tantas veces que «perro» o «perros» aparecen en la Biblia, tanto en el Antiguo como en el Nuevo Testamento, las representaciones van de lo meramente desagradable a lo repugnante. Lo mejor que la Biblia se digna a decir de un perro es este aforismo sardónico del Eclesiastés: «Entre todos los vivos hay esperanza, pues vale más perro vivo que león muerto».

A partir de ahí, sin embargo, las cosas se vuelven más desagradables. Como pueblo elegido, a los israelitas se les ordena no comer la carne de las bestias salvajes; en cambio, «échensela a los perros». Con frecuencia los perros aparecen como devoradores de carne humana y bebedores de sangre. En el Primer Libro de los Reyes no solo se los muestra devorando cadáveres en las ciudades de Jeroboam y Basá, sino también lamiendo la sangre de Nabot; comiendo la carne de su asesina, Jezabel; y bebiendo la sangre de su esposo, Acab, rey de Israel.Cinco de los Salmos mencionan a los perros, siempre como fuerzas malignas que acechan: «Perros me han rodeado; me ha cercado cuadrilla de malignos; horadaron mis manos y mis pies» o «Volverán a la tarde, ladrarán como perros, y rodearán la ciudad». El Nuevo Testamento no mejora la imagen. La conocida expresión «dar margaritas a los cerdos» podría haber tenido también a los perros como destinatarios, a juzgar por el versículo original de Mateo: «No deis lo santo a los perros, ni echéis vuestras perlas delante de los cerdos, no sea que las pisoteen, y se vuelvan y os despedacen». En Lucas, la afrenta suprema contra el mendigo Lázaro son los perros que vienen a lamerle las llagas. En Filipenses, Pablo exhorta a cuidarse de «esos perros, esos que hacen el mal, esos mutiladores de la carne». Y en el Apocalipsis llega el golpe final, el ángel usa «los perros» para agrupar a todos aquellos que quedarán excluidos el Día del Juicio: «Mas los perros estarán fuera, y los hechiceros, los fornicarios, los homicidas, los idólatras, y todo aquel que ama la mentira».

Así que, en el medievo, mientras la narrativa popular ensalzaba al cazador, la simbología de la Iglesia lo denigraba tanto a él como a sus compañeros caninos de caza; de hecho, santificaba al mismo animal que más ávidamente buscaban matar. El genio del mito de Huberto radica en su hábil fusión de esas dos perspectivas contrapuestas. Huberto, noble cazador que halla gloria y misterio en la persecución, es el héroe; y, sin embargo, la forma particular de su gloria consiste en su sumisión al ciervo, no al revés. Como cazador a quien Dios se reveló en plena cacería, se convierte, en los febriles cultos por los santos de la Europa medieval, en maestro sobrenatural de la caza y guardián contra el espíritu más salvaje del perro, aquel que se encarna en la mordedura

Basílica de San Huberto, 2010.

rabiosa. El mito concluye con Huberto abandonando la vida de cazador e ingresando en el sacerdocio, después de que el ciervo le indica que recurra al obispo local. «Ve y busca a Lamberto», resonó la voz celestial, «y él te instruirá».

*   *   *

Ahora bien, en cuanto a esa verdad esquiva; sí conocemos algunos hechos. Hubo un Huberto, y hubo un Lamberto. Este último, en el momento de la supuesta conversión de Huberto, era el obispo de Maastricht, en lo que ahora son los Países Bajos. También sabemos que hacia el año 700, durante un viaje a la cercana ciudad de Lieja, Lamberto fue asesinado, aunque existen dos relatos diferentes e igualmente inverosímiles que describen la manera precisa de su muerte. Uno sitúa al condenado Lamberto en una villa, yaciendo en el suelo durante su asesinato, con los brazos portentosamente extendidos en la posición de la cruz; otro lo tiene en el altar, con el asesino arrojando una jabalina desde la congregación y atravesándole el corazón. Aquí, por supuesto, casi con certeza estamos de vuelta en el reino del mito. (En cuanto al destino del asesino, quien según ambos relatos era un malhechor llamado Dodo, nos aseguran que pronto se hizo justicia divina, pues «sus partes ocultas se pudrieron y hedían» y luego fueron «expulsadas por su boca»).

Elevado a obispo, el Huberto histórico investigó la vida de Lamberto y descubrió muchos hechos milagrosos. El papa pronto accedió a una beatificación. Para albergar el cuerpo y los efectos de Lamberto, Huberto construyó una nueva iglesia en Lieja, el sitio del martirio, y la convirtió en la sede de su obispado. Y después de la propia muerte de Huberto, significativamente más pacífica en el año 727, sus subordinados realizaron otra investigación, redactada como una hagiografía oficial, donde narraron el conjunto de intervenciones sobrenaturales de Huberto. A una región azotada por la sequía, había traído lluvia. En una ciudad, había apagado un incendio. Había sanado a enfermos, aunque aún ninguno de rabia. Lo más dramático, como los monjes habían descubierto algún tiempo después de su muerte, el propio cuerpo de Huberto no se había descompuesto: «Acercándose brevemente a la tumba con gran temor, contemplando una luz desde adentro, descubrieron su glorioso cuerpo en la tumba sólido e incorrupto». El cadáver incluso emitía un «olor milagrosamente dulce».

Como el propio Huberto había demostrado con el traslado de las reliquias de Lamberto a Lieja, los restos de un nuevo santo representaban una inesperada fortuna, tanto espiritual como económica. Algunas décadas después de su muerte, una abadía en dificultades en la aldea de Andage pidió al obispo Waltcaud autorización para obtener el cuerpo y los efectos sagrados de Huberto. Pasaron casi tres años antes de que el obispo pudiera elevar la cuestión al emperador franco, Luis el Piadoso; este, a su vez, la remitió al sínodo local, que finalmente dio su consentimiento. En el año 825, los restos de Huberto fueron trasladados a Andage, donde la abadía —y pronto también la ciudad— pasaron a llamarse Saint-Hubert en su honor.

El culto al santo creció con rapidez y, gracias a las donaciones constantes de siete siglos de enfermos y peregrinos, la abadía prosperó igualmente. Tras incendiarse en 1525, fue reconstruida a una escala aún más grandiosa durante el resto del siglo XVI. En 1607, el hospicio de la abadía —que socorría a los pacientes para quienes la oración no bastaba— fue reubicado bajo el complejo monástico en un nuevo edificio.

Hoy, más de quinientos años después, aquel antiguo hospicio alberga un hotel y una exclusiva vinoteca, el L'Ancien Hôpital, cuyos jóvenes y simpáticos anfitriones, Hans y Ann Swaan-Van Tilborg, viven allí con su hijo pequeño, Andreas. La capilla original del hospital del siglo XVII permanece intacta, es una apacible habitación de huéspedes —como podemos atestiguar— bastante cómoda, donde resulta posible conectar con los espíritus de los agonizantes hidrófobos mientras uno se relaja en una bañera de hidromasaje. El viaje a Saint-Hubert puede recrearse ahora con mucha más comodidad, gracias al tren de alta velocidad que cubre la mayor parte del trayecto. Solo requiere un transbordo a un tren convencional en Lieja, ciudad gris cuyas raíces eclesiásticas dieron paso a la industria pesada en los siglos XIX y XX, cuando se hizo célebre por el carbón y el acero, y cuyo esplendor se ha visto mermado en el siglo XXI por la competencia china. Desde la cercana Libramont, el recorrido continúa en un puntual autobús local, conducido por un chófer no menos lacónico. Al llegar a Saint-Hubert, si el menú de 45 euros del antiguo hospital parece excesivo, siempre queda la opción de un festín más modesto, unas patatas fritas con salsa de curry del puesto de bocadillos, por apenas unos euros.

En diagonal se alza la imponente fachada de la iglesia que, a lo largo de los siglos, creció a partir de la pequeña abadía de Saint-Hubert, un conjunto que en la década de 1920 fue elevado por el papa Pío XI al rango de basílica menor.

Dentro, los visitantes son recibidos por una guía menuda y serena de edad indeterminada, Marie-Françoise Rakotovao. Nacida en Madagascar, habla francés, está aprendiendo holandés y tiene la gentileza de ofrecer un recorrido en inglés, a pesar de que solo somos dos estadounidenses perplejos. Aunque los peregrinos ya no acuden en busca de curas contra la hidrofobia, la guía se entusiasma con pasión al explicar cómo, al menos en sentido metafórico, el poder sanador de san Huberto sigue estando vigente para el peregrino contemporáneo. «Aquí tenemos nuestra propia rabia», proclama, llevándose una mano al pecho. «Estamos deprimidos; hay algo enfermo en nuestros corazones y en nuestras mentes».

En toda la basílica, hecha de piedra, esmalte y madera, innumerables representaciones dan testimonio de la leyenda de la conversión de Huberto. El ciervo alza su cabeza sagrada por doquier: tallado en piedra sobre altos pedestales, acompañado de ángeles orantes; en una serie de meticulosas xilografías en el coro, que describen la leyenda completa; en una estatua del propio Huberto en la fachada, asomando desde detrás de sus túnicas… pequeño, dócil y casi perruno. Una partida de caza completa aparece en un óleo que domina la nave, los perros del santo están encogidos por la confusión, mientras este se postra ante el noble venado.

Lo cierto es que todo este mito no era original. Quizá fue tomado de la leyenda, casi idéntica, de san Eustaquio, un general romano del siglo I d. C. que, si la tradición es cierta, sufrió un destino espantoso. Él y toda su familia fueron asados hasta la muerte dentro de una estatua de bronce con forma de toro.

Quizá resulte apropiado —kármico, incluso, si podemos tomar el vocablo prestado de otro credo— que tanto fuera literalmente robado de san Huberto en los siglos posteriores a su muerte. Los visitantes pueden recorrer la cripta donde una vez se guardaron sus reliquias, pero estas desaparecieron hace mucho tiempo, en 1568, cuando la abadía fue

Talla de madera policromada que representa la conversión de San Huberto, Genk, Bélgica [Shutterstock/ Claudine Van Massenhove].

saqueada por los hugonotes. En el peor golpe de todos, los saqueadores se llevaron también al propio santo; un robo bárbaro no solo para el alma de la abadía, sino también para su terrenal sustento.

En ausencia del cuerpo, la atención se trasladó a sus ropajes sagrados, que datan del siglo XII —cuatrocientos años después de la vida del santo—. Pasada por alto, de algún modo, por los hugonotes desenfrenados, la estola, hoy descompuesta, reposa aislada en una vitrina dorada. Es la pieza central de un modesto relicario en el transepto sur de la iglesia.

Lo más crucial para nuestro propósito es una argolla de metal fijada a la pared, frente a la vitrina de la vestimenta, entre dos bancos acolchados en rojo. Este era el lugar donde se administraba la *taille*, el tratamiento sagrado contra la rabia. De una bolsa de papel blanco —del tipo que normalmente podría contener un cruasán— nuestra guía extrae algunos de los instrumentos originales: un escalpelo ancho y romo, y un clavo metálico del tamaño de un *tee* de golf, cuya simple vista provoca en el visitante un escalofrío penetrante, el mismo que uno imagina sentiría el paciente en aquel instante de su peregrinación.

Atado a la argolla —presumiblemente para evitar un cambio de planes de última hora—, al paciente se le practicaba un corte en la frente, en el que se colocaba un hilo de la venerada vestimenta. La herida se vendaba entonces durante nueve días, tiempo en el que el paciente permanecía en la abadía, orando y ayunando, vestido de blanco. Incluso el acicalado del cabello estaba estrictamente prohibido. En el décimo día, un sacerdote retiraba el vendaje y lo quemaba. Durante nuestra visita preguntamos a Rakotovao cuándo se había administrado por última vez la *taille* en la basílica. Su respuesta: 1919, unas cuatro décadas después de la invención de la vacuna contra la rabia.

Contemplando la majestuosidad del entorno, uno puede entenderlo. Ningún conjunto de inyecciones en el triste consultorio de un médico habría podido dotar a la prevención de la rabia de semejante vínculo con la historia, con el mundo natural o con la simbología de la fe. La *taille* era, literalmente, una forma de unión, de comunión; solo que la sangre derramada era la propia, vertida para que las culpas del perro pudieran ser redimidas.

Si en la Europa medieval existió un dualismo perruno, no se manifestaba tanto en cada ejemplar como entre ricos y pobres. La nobleza continuó la veneración griega del perro bien criado y, en particular, del sabueso de caza. El aristócrata francés Gastón III, conde de Foix, escribe en su ampliamente leído (e imitado) *Livre de chasse* —compuesto hacia 1388— sobre el sabueso ideal, el *chien baut*, en el que se concentraban todas las virtudes caninas; no solo belleza y obediencia, sino también una habilidad casi sobrenatural para rastrear presas y comunicarse con su amo. «El *chien baut* no debe abandonar a su bestia ni por lluvia ni viento ni calor ni cualquier otro elemento», anota Gastón, «debe acosar a su presa todo el día, aun sin ayuda del hombre, como si este estuviera siempre a su lado». El propio conde afirmaba haber encontrado solo tres *chiens bauts* en toda su larga vida de cazador.

El rey castellano Alfonso XI recomendó que se permitiera a los mejores alanos —una raza española de caza medieval, estrechamente emparentada con el mastín— vivir en palacio. Y un príncipe portugués del siglo XIV amó tanto a sus dos alanos, Bravor y Rebez, que estos dormían a cada lado suyo en la cama. La devoción a la caza alcanzaba también al clero. Un arzobispo medieval de Canterbury mantenía veinte cotos de caza propios, mientras que incluso Tomás Becket, cuando servía como embajador de Enrique II en Francia, insistía en que lo acompañaran perros de caza en su séquito.

El amor medieval por el sabueso no era enteramente un terreno masculino. Entre los tratados ingleses sobre caza más prestigiosos está el *Boke of Saint Albans*, del siglo XV, escrito por una tal Juliana Berners, priora del convento de Sopwell. Redactado enteramente en verso, el libro de Berners esboza la apariencia del lebrel ideal: «*A grehounde sholde be heeded lyke a snake: and neckyd lyke a drake: fotyd lyke a catte: tayllyd lyke a ratte*»[11]... y así sucesivamente. De hecho, la devoción de la mujer de alto linaje por los sabuesos —y viceversa— es un lugar común en los relatos de la vida medieval, particularmente respecto a aquellas mujeres que, como Berners, residían en conventos.

La propia Priora de Chaucer, en *Los cuentos de Canterbury*, viaja acompañada de «*small houndes*» (perritos) a los que alimenta con carne asada, leche y pan blanco. Tal afición por los perros entre las monjas está ampliamente documentada. En 1387, aproximadamente

---

11 Es decir, el sabueso debería poseer una cabeza como la de una serpiente, un cuello como el de un pato, pies como los de un gato, una cola como la de una rata, y así sucesivamente. Esto, debe anotarse humildemente, describe perfectamente a nuestra propia perra Mia, un whippet.

al mismo tiempo que Chaucer estaba escribiendo su *Prioress's Tale*, el obispo Guillermo de Wykeham reprendió severamente a una abadía en particular, anotando que «las limosnas que deberían darse a los pobres son devoradas», y la iglesia misma «vilmente profanada», por los «perros de caza y otros sabuesos» en residencia en la abadía. Por tanto, continuó, «os mandamos y ordenamos estrictamente, Señora Abadesa, que quitéis los perros completamente y que no permitáis nunca más en adelante, incluidos tales sabuesos, permanecer dentro de los recintos de vuestro convento».[12]

Para los pobres, en cambio, el perro adquirió un significado muy distinto. Las ciudades y pueblos medievales eran tan propicios al azote de los perros semisalvajes como lo habían sido antes los asentamientos romanos, griegos, egipcios o incluso mesopotámicos. Algunos campesinos sí tenían perros, a veces dentro de sus casas, pero lo más probable es que fueran animales de trabajo, cuyo coste de alimentación —crucial en vidas siempre al borde del hambre— debía compensarse con su utilidad en el pastoreo.

En una sociedad feudal, un perro podía ser una carga onerosa. Si los de los campesinos merodeaban en el lugar equivocado, podían acarrear multas, como muestra este registro del reinado de Eduardo II: «De John de Maunchestre por un perro, 3 chelines. De Wilto le Seriaunte por un perro, 3 chelines... De Wilto de Huntyngtone por un perro, porque era pobre, 12 peniques». En otros relatos, los campesinos que se atrevían a cazar en las reservas de sus señores podían acabar tuertos, castrados o incluso ejecutados.

La aplicación draconiana de la caza como privilegio noble incluía medidas preventivas contra perros sueltos. Era costumbre que todos los perros de plebeyos que vivían cerca del bosque real fueran incapacitados para correr mediante el corte de una o varias garras. Los campesinos ni siquiera podían poseer legalmente lebreles en Inglaterra, prohibición que se remontaba al siglo XI.

Si alguien duda del corazón oscuro del perro tal y como lo concebían las mentes medievales, encontrará un testimonio particularmente vívido

---

12 Más mórbidamente, tenemos la historia, transmitida respecto a la muerte de María, reina de Escocia (1587), que uno de sus verdugos, mientras quitaba las ligas de su cadáver, «divisó a su perrito, que se había escondido bajo sus ropas», una pobre criatura que finalmente «vino y se acostó entre su cabeza y sus hombros».

en los relatos de la Peste Negra, que devastó tres continentes entre 1347 y 1350, eliminando —según algunas estimaciones— a más de la mitad de la población de Europa, y que regresó de forma intermitente durante siglos. Estas epidemias transformaron a los perros del vecindario, medio domesticados, en devoradores demoníacos de cadáveres. Agnolo di Tura, un zapatero de Siena, describió así el brote de 1347: «Había muchos muertos por toda la ciudad, estaban tan mal enterrados que los perros los sacaban para devorar sus cuerpos». Sobre el rebrote de 1429 en El Cairo, una crónica relata cómo los sepultureros cavaban enormes trincheras en las que los cuerpos eran amontonados con dificultad, mientras los perros se alimentaban de las extremidades expuestas. Durante la plaga de 1630, un sacerdote florentino escribió sobre los cadáveres acumulados:

> Como si fueran montículos de heno o pilas de leña; si hubieran sido heno o leña, habrían estado apilados con más orden; pero eran amontonados al azar, algunos medio cubiertos, otros con un brazo al aire, unos con la cabeza y otros con los pies fuera. Alimento de perros y otras bestias.

Estas escenas de perros husmeando entre los muertos se volvieron un lugar común. La expresión «dos metros bajo tierra»[13] procede de una ordenanza sanitaria de Londres durante la plaga de 1665, destinada precisamente a impedir que los restos humanos fueran desenterrados por el mejor amigo del hombre.

Como sabemos hoy, el patógeno responsable de la peste bubónica, *Yersinia pestis*, causó una zoonosis extraordinariamente letal, capaz de diezmar poblaciones humanas gracias a sus reservorios, las ratas. Hoy se sabe que *Y. pestis* también aparece en marmotas y perros de las praderas. La naturaleza animal de la infección fue crucial para aquellas tasas de mortalidad sin precedentes. Una epidemia que solo afectara a humanos y eliminara a más de un tercio de sus víctimas tendería a extinguirse por falta de nuevos huéspedes, o al menos a evolucionar hacia una cepa menos virulenta. Pero las ratas —que sí mueren de peste, aun-

---

13 *Nota del editor*. En el original en inglés los autores usan el término «*six feet under*», que equivale aproximadamente a 1.83 metros.

que a una tasa mucho menor que los humanos— podían desplazarse de ciudad en ciudad con impunidad.

Desde la perspectiva del patógeno, los humanos somos lo que los epidemiólogos llaman un «huésped accidental», es decir, aquel en el que el patógeno no puede completar su ciclo de vida. En otras palabras, puede «permitirse» —evolutivamente hablando— matar humanos a tasas asombrosas porque su reservorio natural está en otra parte. El desarrollo de la rabia en las personas es, por esta razón, accidental, aunque su incapacidad para propagarse entre humanos se debe, en gran medida, a cuestiones de anatomía y comportamiento. Aunque el virus sí se expresa en la saliva humana, carecemos tanto de la propensión a morder como de los dientes afilados con que hacerlo con eficacia. En el caso de la peste, la bacteria evolucionó para transmitirse de rata en rata a través del tracto digestivo de la pulga. Los millones de humanos vulnerables a cuyas pieles esas pulgas se aferraron constituyen, quizá, el mayor grupo de víctimas colaterales de la historia.

Los eruditos medievales —médicos y de otras disciplinas— no tenían idea de que la peste se originaba en los roedores. El preeminente médico árabe Avicena dejó, sin embargo, una observación intrigante en su *Canon de medicina*, al indicar que una señal de pestilencia era la aparición de ratones y otros animales que corrían como si estuvieran ebrios. Pero en 1349, uno de sus herederos intelectuales, Ibn Khatimah, escribió un tratado en el que teorizaba que la nueva y terrible plaga mundial se debía, en esencia, a un aire contaminado. Creía que allí donde miles morían en un solo día, el aire se había corrompido por completo hasta convertirse casi en otra sustancia, como la que se encuentra en pozos donde se han arrojado animales muertos en descomposición.

Las explicaciones de eruditos y médicos cristianos eran comparables. Gentile de Foligno sostenía que el aire malsano entraba en las víctimas a través de sus poros —mientras más anchos, más susceptible era la persona— y desde allí era atraído al corazón. Un tratado de la facultad de medicina de la Universidad de París afirmaba que el aire había sido corrompido por vapores nocivos, causados por el movimiento de los planetas y exacerbados por los vientos del sur. Alfonso de Córdoba también atribuyó el inicio de la plaga a fenómenos astronómicos, pero pensaba que su propagación continuada se debía a unos pocos individuos astutos que la usaban para eliminar a sus enemigos:

La persona que desea hacer ese mal espera hasta que haya un viento constante, sostenido, que sopla sin ráfagas bruscas de alguna región del mundo, luego va contra el viento, y pone su frasco [lleno de aire infectado] contra las rocas opuestas a la ciudad o pueblo que desea infectar, y dando un amplio rodeo yendo de vuelta contra el viento para que el vapor no lo infecte, tira su frasco violentamente sobre las rocas.

Varios autores del siglo xiv sí entendían la idea de la transmisión de persona a persona, aunque desconocían su mecanismo. Un médico del pueblo francés de Montpellier sostenía, por ejemplo, que la enfermedad se propagaba a través de los nervios ópticos, de modo que un hombre sano podía mirar al enfermo y ser atacado de inmediato por la pestilencia.

En aquel momento, el vínculo entre la plaga y las ratas —y mucho menos sus pulgas— resultaba incomprensible. De hecho, con la excepción de la rabia, toda la noción de zoonosis era ajena a la mente médica de la Edad Media. La única otra enfermedad zoonótica que parece haber sido reconocida era el ántrax, la dolencia del ganado que provoca lesiones en la piel y —si se inhala— la muerte en humanos. Pero esa conciencia era difusa e intermitente. La Biblia describe una plaga semejante en Éxodo 9:8-12: «úlceras purulentas brotaron en personas y animales por toda la tierra», y un manual práctico del siglo xvi menciona una afección similar; sin embargo, la erudición médica no dejó descripciones consistentes de la enfermedad. El término «ántrax», derivado de la palabra griega ἄνθραξ (carbón), se usaba más bien para designar las lesiones negras en la piel, características de varias dolencias, entre ellas la viruela.

La creciente urbanización y el uso intensivo de la agricultura aceleraban el ritmo al que las infecciones pasaban de animales a humanos. Y para el siglo xv un tercer factor entró en juego: la nueva movilidad del hombre gracias a los viajes transoceánicos de longitud asombrosa, que pusieron a gran parte de la población mundial en contacto con gérmenes desconocidos y devastadores. La llamada Era de los Descubrimientos permitió a dos vecinos europeos, España y Portugal, crear vastos imperios al tiempo que perseguían la riqueza derivada del comercio de especias y metales preciosos. España conquistó territorios inmensos, colo-

La plaga de úlceras (Éxodo 9:8-12). «Moisés y Aarón tomaron ceniza de un horno y la arrojaron al aire. Esto causó que úlceras se abrieran en la piel de cada persona y animal» [Wellcome Collection].

nizando la mayor parte de las Américas, mientras Portugal trazó una red más dispersa, estableciendo enclaves desde Brasil hasta Angola y desde Goa hasta Macao. Al transportar bienes, los colonos también propagaron gérmenes en todas direcciones.

La mayor parte de estas eran infecciones de humano a humano. Llevaron la viruela a las Américas, a cambio recogieron la sífilis que desgarró Europa y Asia; pero encontrar nuevas especies animales también significaba toparse con sus enfermedades.

Es discutible si la mayor devastación que Cristóbal Colón infligió al Nuevo Mundo tomó la forma de ocho cerdos que tocaron tierra en La Española el 8 de diciembre de 1493. Se cree que aquellos animales desencadenaron una epidemia masiva de gripe porcina, matando a los indios en cifras asombrosas —«el hedor era muy grande y fétido», anotó sobriamente un funcionario español— e inaugurando una larga racha de pestilencias que acabó con unos dos tercios de los nativos de Santo Domingo en poco más de una década.

Más tarde, un fraile dominico registró el número de muertos por enfermedad en La Española: cerca de un millón en menos de treinta años. También dejó constancia de muertes masivas semejantes en Cuba, Jamaica y Puerto Rico.

En ese momento, nadie parecía sospechar de esos ocho fatídicos cerdos.[14] El propio Colón, que enfermó de gripe en su viaje y tardó unos tres meses en recuperarse, no era un epidemiólogo especialmente certero, escribió a casa que: «las causas de las dolencias tan comunes entre nosotros, son el sustento, las aguas y los aires».

*   *   *

La rabia, a diferencia de otras zoonosis, era universalmente conocida y temida. Mantener a los sabuesos libres de sus estragos constituía una preocupación central para el cazador medieval. Eduardo de Norwich, segundo duque de York —nacido en 1373 y muerto en 1415 en la batalla de Azincourt—, publicó una traducción y ampliación en inglés del célebre tratado de caza de Gastón, bajo el título *The Master of Game*. La obra incluye un capítulo titulado «De las enfermedades de los sabuesos y de sus males», situado justo antes de las lánguidas celebraciones de las distintas razas caninas y después de las detalladas descripciones de sus presas —liebre, ciervo, venado, corzo, jabalí, lobo, zorro, tejón, gato montés y, por último, aunque no menos importante, nutria—. La primera dolencia mencionada, y la tratada con mayor amplitud, es la «locura furiosa»:

> Los sabuesos que están poseídos por esa locura gritan y aúllan con voz fuerte, y no de la manera en que acostumbraban cuando estaban sanos. Si consiguen escapar, muerden por doquier tanto a hombres como mujeres, a todo lo que encuentran ante ellos. Tienen una mordedura especialmente peligrosa, pues si muerden y llegan a la sangre, no lo soltarán.

---

14 En brotes más recientes de gripe porcina, los cerdos no tuvieron tanta suerte, particularmente en el mundo musulmán: véase capítulo VI.

Se reconoce que tal condición, si no es pasajera, resulta invariablemente fatal: «Su locura no puede durar más de nueve días, o no estarán enteros sino muertos». Como medida preventiva contra la rabia, el libro sigue a Plinio al recomendar que se corte el «gusano» bajo la lengua del sabueso —el ligamento llamado frenillo lingual—, inmovilizando las mandíbulas con un bastón y seccionando el supuesto gusano con aguja e hilo o —según añade Eduardo— con «un pequeño alfiler de madera».

Para los hombres mordidos por perros rabiosos, *The Master of Game* propone diversos remedios, aunque algunos son desestimados en el mismo aliento en que se sugieren. Por ejemplo, ciertos hombres, tras ser mordidos, se adentran en el mar y dejan que nueve olas pasen sobre ellos, pero «eso es de poca ayuda». Otros arrancan todas las plumas en torno a la cloaca de un gallo vivo y, colgando al desgraciado animal por el cuello y las alas, colocan la cloaca sobre la herida, con la esperanza de que absorba el veneno. Si el gallo se hincha y muere, entonces el perro estaba rabioso, y el hombre quedará curado; o al menos, como anota el libro, «muchos hombres dicen» que así sucede, aunque «de ello no hago afirmación». Los autores parecen más confiados en los remedios de cauterización («es buena cosa ahondar todo alrededor de la mordedura con un hierro caliente») y de sangría, ambos capaces quizá de ofrecer cierto alivio a la víctima. También describen recetas de ungüentos medicinales. La primera consiste en una salsa de sal, vinagre, ajo y ortigas; la segunda, aún más apetecible, en una pasta de ajo y ortigas combinados con puerros, cebollinos, aceite de oliva y vinagre.[15]

La profilaxis más suntuosa contra la hidrofobia en el perro de caza fue llevada a cabo, apropiadamente, por los reyes de Francia. En las cuentas de caza del palacio francés, los historiadores han encontrado gastos anuales para que todos los sabuesos del rey se sometieran a una ceremonia especial. Eran transportados a la Iglesia de St. Menier les Moret, para «hacer que se cantara una misa en presencia de dichos sabuesos, y ofrecer velas a su vista, por temor al *mal de rage* —es decir, la enfermedad de la rabia—. Uno se pregunta si los sabuesos aullaban acompañando.

---

15 Otro tratamiento gastronómico es suministrado por *Le ménagier de Paris*, una guía doméstica del siglo XIV que prescribe, al final de una larga lista de recetas, un tratamiento novedoso para la mordedura de perro rabioso. «Toma una corteza de pan», aconseja, «y escribe lo que sigue: *Bestera bestie nay brigonay dictera sagragan es domina siat siat siat*».

Es en el período medieval cuando los términos contemporáneos para rabia e hidrofobia comienzan a entrar en el vernáculo, tanto en su sentido literal como en el metafórico. La palabra francesa *rage* deriva de *rabies*, que en latín funcionaba como equivalente aproximado de *lyssa*. Al igual que este término griego, *rage* en francés nace con una doble carga, designa a la vez una terrible enfermedad y algo más profundo, una furia animal teñida de locura.

Los primeros usos documentados aparecen en *La Chanson de Roland*, hacia 1100. El primero de ellos surge en la reacción del rey al enterarse de que el traicionero conde Ganelón ha nombrado a Roland, su hijastro, para encabezar la retaguardia. Ganelón ha pactado con el enemigo —el rey musulmán Marsil en España— que sus sarracenos ataquen por la retaguardia. Y el poeta canta:

Cuando el Rey escucha, lo mira directamente,
y le dice: «Tú, diablo encarnado;
en tu corazón ha entrado el odio mortal [*rage*]».

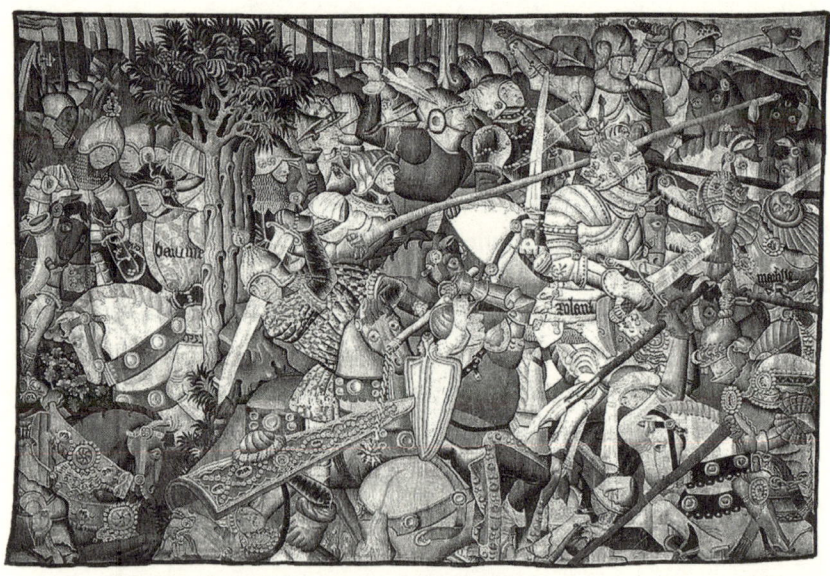

Este tapiz, que se encuentra en el Victoria and Albert Museum, representa la batalla de Roncesvalles. La escena muestra a la derecha a Roland y su espada mágica Durandarte (Durendal), ambos convenientemente señalados con etiquetas.

El segundo se usa para describir la locura de un sarraceno que, en el calor de la batalla, mal aconsejado lanza un ataque contra Roland: «*Par sun orgoill cumencet mortel rage*», o «Un odio mortal ha encendido en su orgullo».

No fue hasta el siglo XVII que «*rabies*» y «*rabid*» encontraron arraigo en inglés. El uso más temprano del segundo precede al primero según el *Oxford English Dictionary* —documentado en una referencia a «*rabid mastifs*» en una traducción de 1596 del griego—. Los usos de ambos términos durante el siglo XVII parecen haber estado restringidos, si no a la enfermedad literal (o su apariencia) en animales, a una rabia particularmente vociferante, rayando en la locura. Por ejemplo, «*Rabid with anguish, he retorts his looke Vpon the wound*» (1621)[16]; «*Hee... strokes and tames my rabid Griefe*»[17] (1646). Pero la rabia es irresistible como metáfora; tanto en inglés como en francés, la palabra comenzó a expandirse hacia contextos mucho más metafóricos en un par de siglos. Para 1288, un humorista francés se pregunta sobre «*tel conseil et tel rage*» (tal consejo y tal rabia) que se da al rey; para 1678, tenemos el sentido muy contemporáneo, verdadero en inglés también, de *rage* como moda, por ejemplo, *la rage de la bassette*, la moda pasajera de un juego de cartas entonces popular. Siendo «*rabid*» en inglés significativamente más nuevo, la deriva ocurrió algo después, y así debemos esperar hasta el siglo XIX para obtener, por ejemplo, el «*rabid desire for the good opinion of every thing human*»[18] (1838).

¿Cómo deberíamos entender estos usos de la palabra rabia como símil, como tropo, como broma? En *La enfermedad y sus metáforas*, Susan Sontag narró las innumerables formas en que nuestra comprensión popular de la enfermedad —en particular la tuberculosis y el cáncer— ha quedado contaminada por asociaciones literarias a lo largo de la historia. Como explica, las metáforas de la enfermedad dieron pie a una pseudociencia especialmente perniciosa, alimentando el mito

---

16 *Nota del editor*. (Rabioso de angustia, vuelve la mirada / hacia la herida) El adjetivo *rabid* en inglés actual se asocia principalmente con la enfermedad de la rabia (*rabies*), pero en la literatura de los siglos XVI y XVII se utilizaba también en un sentido figurado para designar un estado de furia, descontrol o pasión extrema. En este verso, *rabid with anguish* quizás no debe entenderse de manera literal —no alude a la hidrofobia—, sino como «fuera de sí por angustia».

17 *Nota del editor*. (Acaricia y calma mi pena rabiosa).

18 *Nota del editor*. (Un rabioso deseo de gozar de la buena opinión de los demás).

de que ciertos tipos de personalidad —la figura romántica y decadente en el caso de la tuberculosis, la reprimida e insatisfecha en el del cáncer— tenían mayor propensión a contraer cada dolencia. Las metáforas también contribuyeron a estigmatizar a los enfermos, cuando el juicio moral se deslizó hacia atrás desde esas invocaciones literarias: el «cáncer de la política» o la observación de Victor Hugo en *Los miserables* de que el monacato es «para la civilización una especie de tuberculosis»... todo para manchar a quien padecía. Sontag declara con vigor en la primera página: «La enfermedad no es una metáfora, y la mejor manera de considerarla —y la más sana de estar enfermo— es la que se mantenga lo más alejada posible del pensamiento metafórico, la más resistente a él».

El consejo es admirable, pero resulta difícil examinar el papel de la enfermedad en la historia —especialmente en la historia anterior a la era pasteuriana de finales del siglo XIX, cuando comprendimos por primera vez la naturaleza microscópica de la infección— sin concluir que semejante consejo era, en la práctica, imposible de seguir. Durante milenios, la enfermedad fue inevitablemente metáfora: algo extraño y misterioso que invadía el cuerpo humano. La propia palabra «metáfora», del griego *phero* («llevar») y *meta* («a través»), significa literalmente «trasladar», y eso era exactamente lo que hacía la enfermedad, transportar significados simbólicos desde lo desconocido al mundo conocido.

La condición inevitable de la metáfora se manifiesta con mayor claridad en la rabia, donde el nombre mismo en múltiples lenguas —*lyssa, rabies, rage, rabia*— designa también una emoción humana de furia, sin que el sentido médico ni el figurativo prevalezcan con claridad. La rabia era idéntica a un brote de furia animal; o, si no era del todo una identidad, el vínculo trascendía la mera metáfora para volverse intrínseco a ambos polos de la comparación. En la medida en que la rabia —desde los babilonios hasta *The Office*— ha servido de materia para la comedia, el chiste siempre surge por llevar la furia al extremo; expresiones como el «deseo rabioso» o ser un «rabioso fan de Justin Bieber» pueden resultar grotescas porque evocan, de forma implícita, la imagen de alguien tan apasionado que parece estar echando espuma por la boca.

* * *

Durante el período medieval, los verdaderos avances en la comprensión médica de la rabia —como en la medicina en general— ocurrieron casi por completo en el mundo islámico. Gracias a la intensa labor de traducción al árabe, los grandes médicos musulmanes perpetuaron y ampliaron el legado de griegos y romanos. Posiblemente este proceso comenzara en la Siria del siglo v, cuando herejes cristianos huidos, expulsados de la iglesia bizantina tras negar el credo de Nicea, se mezclaron con musulmanes de habla árabe y pusieron en circulación sus tradiciones y textos griegos.

Para el siglo x, Bagdad presumía de una red impresionante de hospitales; en el siglo XIII se fundó la primera madrasa médica del mundo árabe, en el antiguo barrio de orfebres de Damasco. Se cree incluso que los médicos islámicos medievales fueron los primeros en establecer un procedimiento parecido a la revisión académica por pares, según lo prescrito por el doctor sirio al-Ruhawi, los casos eran revisados posteriormente por un consejo local de colegas médicos, cuyo juicio podía llevar a amonestar a un doctor por mala praxis.

Los tres grandes titanes de la medicina islámica medieval —al-Razi (conocido en Europa como Rhazes), Ibn Sina (Avicena) e Ibn Zuhr (Avenzoar)— abordaron la rabia con cierto detalle en sus obras principales. El primero de ellos, al-Razi, que escribió y ejerció en Bagdad a principios del siglo x, relató los casos de rabia que había presenciado personalmente:

> Había con nosotros en el hospital un hombre que ladraba durante la noche, luego murió. Otro no bebía agua, pero cuando le traían algo de agua, no le tenía miedo, sino que decía: «Hiede, y hay vísceras de perros y gatos en ella». Sin embargo, otro paciente, cuando veía agua, se estremecía, tiritaba y temblaba hasta que se la quitaban de la vista.

Su tratamiento preferido para mordeduras —cauterizar y escarificar la herida, seguido por la aplicación de ventosas sobre ella— es tan sensato como cualquiera descrito hasta ese momento.

Ibn Zuhr, quien ejerció en España entre 1121 y 1162, incluyó un capítulo llamado «De la locura furiosa» en el *Kitab al-Taysir*, su obra magna. Como al-Razi hizo antes que él, ancla su observación con una narrativa personal. «Mi padre», escribió, «a quien Dios concede misericordia, me enseñó que una mula, habiendo sido afectada por esta enfermedad, apuntará a morder a un hombre. Este último, huyendo ante el animal, entrará en un callejón cuya entrada es bastante estrecha. La mula se precipitará hacia la entrada, cabeza abajo, y quedará tan apretadamente comprimida en ella que solo podrá liberarse por su propia muerte».

Los escritos de todos los autores islámicos medievales parecen hoy lamentablemente alejados de nuestros estándares, incluso en comparación con algunos de sus propios contemporáneos. En el cuarto libro de su monumental *Al-qanun fi al-tibb* (*El canon de medicina*) —compuesto a comienzos del siglo XI en Persia—, Avicena sostenía que el calor y el frío contribuían al desarrollo de la enfermedad, provocando en los

Los tres grandes maestros de la medicina: Galeno, Avicena e Hipócrates. Viñeta de un libro médico en latín de principios del siglo XV [Everett Collection].

perros una «melancolía seria y venenosa». También la atribuía al consumo de agua y carne en mal estado. Entre los síntomas que describe en pacientes humanos figura la alucinación de pequeños perros, lo que, cabe suponer, es perfectamente posible. Pero entre los tratamientos que recomienda está la cantárida, el legendario afrodisíaco hoy conocido como mosca española; una elección particularmente extraña para una dolencia cuyos síntomas, según el propio Avicena, incluyen priapismo.

Un tratamiento más sistemático de la rabia se encuentra en los escritos de Moisés Maimónides, filósofo y médico judío del siglo XII que ejerció primero en Marruecos y más tarde en Egipto. Reconoció —contrario a la creencia generalizada— que la mordedura de un perro rabioso no causa mayor dolor que la de uno sano. Más importante aún, afirmó con rotundidad que cualquier remedio resulta inútil una vez iniciada la hidrofobia. También observó que los síntomas de locura en humanos podían demorarse un mes o más. Junto a los tratamientos tradicionales, que respalda sin entusiasmo —ensanchar la mordedura con una incisión, aplicar ventosas, y similares—, prescribe una asombrosa variedad de pociones y cataplasmas: cenizas pulverizadas de cangrejo de río disueltas en agua y bebidas a diario; almendras amargas machacadas en miel y aplicadas sobre la herida; habas crudas, masticadas hasta formar una pasta y frotadas en la zona afectada; o, con el mismo método, trigo triturado, cebollas o pan ácimo. Con buen criterio, Maimónides advierte prudencia a los lectores: «Si la condición del perro está en duda», escribe, «condúcete como si el perro estuviera loco».

Los coleccionistas han preservado un último vestigio de las terapias medievales contra la rabia, el cuenco mágico-medicinal, un recipiente metálico profusamente grabado con instrucciones terapéuticas, como beber agua caliente para aliviar el cólico o agua de azafrán para un parto difícil. Estos cacharros prometían con frecuencia curas contra la rabia y contra los venenos animales. El ejemplar más antiguo que se conserva, fechado en 1167 para el gobernante sirio Nur al-Din Mahmud ibn Zangi, asegura calmar no solo la mordedura rabiosa —mediante la ingestión de leche, agua u aceite, «con la ayuda de Dios Todopoderoso»—, sino también el dolor de pecho, la migraña e incluso la posesión demoníaca.

* * *

En los albores de la Inquisición, hacia las últimas décadas del siglo xv, una misteriosa hermandad de sanadores recorría los pueblos ofreciendo protección contra la rabia. Eran los llamados saludadores, y aseguraban crepitar con poderes otorgados por santos consagrados. Decían ser descendientes de santa Catalina de Alejandría y llevar su marca; una rueda dentada que representaba la máquina en la que la santa del siglo iii fue martirizada hasta la muerte. Otros se proclamaban aliados de santa Quiteria, otra mártir cristiana primitiva, cuya intercesión se invocaba con frecuencia contra la rabia. Quiteria tenía además la peculiar distinción, en la tradición cristiana portuguesa, de liderar un intrépido grupo exclusivamente femenino, formado por nueve hermanas exterminadoras de infieles. A través de la gracia de estas mujeres santificadas, los saludadores podían anular los efectos de una mordedura rabiosa, a menudo con su saliva o su aliento. Se decía que eran capaces de tocar hierro al rojo vivo, lavarse las manos con aceite hirviendo o incluso entrar en un horno encendido sin sufrir daño alguno.

Santa Quiteria, escuela portuguesa, siglo xviii. El 22 de mayo se celebra su onomástica como virgen, mártir y abogada contra la rabia [Wellcome Collection].

La Inquisición consideraba tales afirmaciones como heréticas y su posición oficial era aplastar a los saludadores. Los pocos relatos de primera mano de estos sanadores que sobreviven tienden a ser de aquellos que confesaron, bajo interrogatorio, haber sido fraudulentos. En 1619, un zapatero llamado Gabriel Monteche confesó que había:

> tenido el oficio de saludador por muchos años, fingiendo que tenía la virtud para curar las mordeduras de perros rabiosos, y otras enfermedades. Y para librar aldeas de granizadas, diciendo que llevaba en un brazo la rueda de Santa Catalina y en el otro una cruz, cuyas señales se había hecho él mismo con una aguja para engañar a la gente y hacerles pensar que había nacido con ellas.

Continuó describiendo cómo estafaba a las víctimas:

> Se ponía un gusano en la boca, y dejaba que aquellos que habían sido tocados por perros rabiosos pensaran que él era un saludador y que los sanaría. Y haría que un cirujano perforara la piel del paciente, permitiendo que un poco de sangre se derramara, y luego él vendría, succionaría esa sangre, y después la añadiría a un cuenco de agua y, habiendo revuelto los dos, añadiría el gusano escupiendo de su boca, y, mezclado con la sangre que había chupado, creían que lo había sacado del cuerpo del enfermo.

Trapacería como esta, si de hecho esta confesión era honesta y no forzada, probablemente era anómala. La curación popular nunca se sostiene enteramente sobre la base de la mala fe, y sin duda muchos creían en sus poderes tan fervientemente como lo hacían sus pacientes. Para ese tiempo, la medicina en España y Portugal se había vuelto licenciada, normalizada, desde los médicos en hospitales oficiales, que se crean durante el siglo XVI, hasta los humildes «barberos-cirujanos», que tanto afeitaban como operaban a los clientes. Pero entonces como ahora, por razones de costo y de creencia supersticiosa idiosincrásica, muchos pacientes preferían practicantes no oficiales como los saludadores. Ayudaba, por supuesto, que en muchos casos la medicina oficial no era más efectiva. Ciertamente este era el caso con la rabia, que no era más curable (o siquiera prevenible) de lo que había sido en el siglo II d. C.

Muchos españoles preferían su religión popular. Tendemos a pensar en la Inquisición como un régimen totalitario, al menos en asuntos espirituales, pero de hecho hizo poco para templar el alboroto de excentricidades locales a través de las tierras que gobernaba. En dos ocasiones durante la década de 1570, una oficina real española hizo una encuesta por todo el reino, pidiendo a dos o más representantes de cada pueblo que respondieran una serie de preguntas sobre su población y prácticas. Algunas de las preguntas involucraban creencia religiosa. Se pidió a los encuestados que detallaran las capillas en el pueblo, los milagros que habían tenido lugar allí, los días santos y de ayuno observados allí. La oficina terminó encuestando 513 pueblos y ciudades, representando poco más de 127 000 hogares; y las respuestas enumeraron una diversidad notable de prácticas religiosas. Los residentes de Cabezarados, que se sitúa aproximadamente a mitad de camino entre Madrid y Córdoba en las afueras de Ciudad Real, reportaron que habían faltado recientemente a su voto a santa Quiteria, causando que un lobo rabioso matara a un joven y mordiera a varias vacas.[19] «Desde estos eventos», los cronistas reales escribieron después, «la gente del pueblo ha observado y observa el voto viejo con mucha devoción y tiene una procesión solemne y alimenta a todos los pobres en el pueblo; y todos del pueblo comen en la casa del mayordomo ese día, cada uno pagando su parte».

En la práctica, la Inquisición en España tomó una postura hacia los saludadores que uno podría llamar negligencia benigna. Una razón intrigante para esto, como la historiadora española María Tausiet ha documentado, es que los saludadores también tenían una reputación como cazadores de brujas de primera clase. Documentos de la época muestran que muchos de ellos, a pesar de sus supuestas marcas del diablo, trabajaron estrechamente tanto con los sistemas de justicia inquisitoriales como seculares en identificar brujas. No era raro que

---

19 *Nota del editor.* Son célebres las gachas dulces y el chocolate de la Noche de Todos los Santos en Cabezarados, que tienen su origen en rituales de protección contra los malos espíritus. Según la creencia ancestral, estas noches los muertos vagaban por el pueblo y entraban en las casas de quienes morirían al año siguiente. Tapar las cerraduras con gachas y pintar cruces con chocolate en las fachadas —práctica derivada de rituales apotropaicos como el del Éxodo (12:7-13)— eran actos de defensa contra lo invisible.

los investigadores trajeran un saludador junto con ellos mientras inspeccionaban el pueblo. Los registros de la Inquisición anotan que un saludador llamado Andrés Mascarón condenó a 13 mujeres en la aldea de Bielsa como brujas, diciendo que «viendo la que era bruxa, se le encendían las carnes, y más cuanto más antigua lo era». Cuatro de estas mujeres fueron sumariamente colgadas, y el resto enviadas al exilio; el pueblo le pagó generosamente por sus esfuerzos.[20]

A través de este extraño papel dual del saludador puede inferirse cómo se concebía entonces la naturaleza demoníaca de la rabia. El saludador era el exorcista de la hidrofobia, el adivinador de la brujería; en suma, el enemigo de todos los espíritus animales malignos que, de improviso, se apoderaban del alma humana inocente. Muchas de las supersticiones que corrían desenfrenadas por la febril imaginación medieval tenían en su raíz un elemento animal. En el siguiente capítulo seguiremos el rastro de esta idea zoonótica, manifestada en dos terrores de infección bestial: el hombre lobo y el vampiro.

---

20 *Nota del editor.* «Allá por 1617, Andrés Mascarón dejó la aguja y el dedal, colgó las tijeras y se olvidó del jaboncillo de sastre para tener como oficio «andar por los lugares del Reino saludando», es decir, descubriendo y señalando quién era bruja y curando de determinados males a personas y animales. Así se lee en un viejo legajo del Archivo Histórico Nacional que supo descubrir y divulgar mi admirado amigo Ángel Gari. "En 1620 fue contratado por el Ayuntamiento de Bielsa para conocer las brujas del Valle, por lo que cobró 100 reales. Para este fin, una tarde reunió en la plaza mayor a los habitantes de Bielsa y sus aldeas, sometiéndolos a la prueba del soplo. Aquellas personas a las que soplase con mayor intensidad serían culpables de brujería. Así, por este procedimiento, señaló a trece: cuatro fueron ahorcadas y una condenada al destierro". Según testigos presenciales, Andrés Mascarón llegó a afirmar que "viendo la que era bruxa, se le encendían las carnes, y más cuanto más antigua lo era". No estarían las cosas muy claras porque un par de años más tarde la Inquisición quiso, cantarle las cuarenta y le abrió proceso», «La columna de Alberto Serrano Dolader» en el *Heraldo de Aragón*, 5 de abril de 2015.

Lucas Cranach el Viejo, *El hombre lobo o el caníbal*, c. 1510-1515. Colección del
Metropolitan Museum of Art, Nueva York [Harris Brisbane Dick Fund, 1942].

III. ¿UN VIRUS CON DIENTES?

En septiembre de 1998, la revista Neurology —que por lo general ocupa sus páginas con asuntos tan apasionantes como la «detección de niveles elevados de oligómeros de α-sinucleína en LCR de pacientes con enfermedad de Parkinson»— dio cabida a una excéntrica teoría sobre un enigma histórico. En cuatro páginas minuciosamente documentadas, un médico español llamado Juan Gómez-Alonso defendió que la rabia —tema de especial interés para los neurólogos por sus devastadores efectos en el cerebro— podía ser también la clave para explicar uno de nuestros terrores más antiguos, los vampiros. Sus raíces se remontan a la Grecia clásica, pero fueron las supuestas correrías por la Europa oriental del siglo XVIII las que encendieron una fascinación masiva que llega hasta hoy.

La hipótesis de Gómez-Alonso acaparó titulares de Los Ángeles a Londres y Sídney. Incluso *Playboy* intervino en el debate, destacando la conexión que establecía el médico entre la rabia, el vampirismo y la hipersexualidad. «¡Muérdeme!», celebró con entusiasmo su cronista. No es difícil entender por qué el público se dejó seducir. Nuestro mito de los chupasangres ha demostrado ser extraordinariamente resistente a lo largo de dos siglos de cultura popular cambiante; ha hundido los colmillos en todo, desde las novelas victorianas y el Hollywood clásico hasta las exitosas sagas de Anne Rice y, por supuesto, el fenómeno adolescente y multiplataforma que representó en su día la saga *Crepúsculo*, de Stephenie Meyer. Cualquier teoría que pretenda explicar el origen de estos muertos vivientes —sorprendentemente inmortales— merece, cuando menos, ser escuchada.

El artículo de Gómez-Alonso plantea paralelismos tan intrigantes como inquietantes entre el vampiro y el enfermo de hidrofobia. Lo primero, y más obvio, es que tanto la rabia como el vampirismo se transmiten de un organismo a otro mediante mordeduras, coincidencia nada menor. Además, los estertores de una infección rábica suelen incluir espasmos faciales que producen una mueca —descrita en un texto médico francés de 1950— de «dientes apretados y labios retraídos como los de un animal». Se creía también que los vampiros podían transformarse en perros a voluntad y, bajo esa forma, atacar a otros perros cercanos. Los pacientes varones de rabia, como subrayó con entusiasmo *Playboy*, a veces se entregan a un impulso sexual desmedido; y los vampiros, por su parte, se alzaban de sus tumbas para lanzarse a conquistas eróticas. Finalmente, se decía que la vida de un vampiro se prolongaba cuarenta días, casi el mismo lapso que suele mediar entre la mordedura rabiosa y la muerte en los humanos.

El doctor añade de pasada que la rabia podría iluminar también el mito del hombre lobo, o licántropo; ese ser humano que se transforma, total o parcialmente, en lobo y hace presa de sus vecinos. Gómez-Alonso no entra en detalles, pero los trazos generales de la analogía resultan claros: la mordedura, los dientes apretados, la transformación animal. El paralelismo con la rabia es, si acaso, aún más directo en la licantropía, que no sería otra cosa que un hombre poseído por su naturaleza bestial.

¿Cuánto crédito merece realmente el vínculo entre la rabia y los muertos vivientes? En su artículo, el doctor Gómez-Alonso sostiene que los vampiros y hombres lobo de los relatos históricos no eran otra cosa que humanos rabiosos, cuyos síntomas fueron malinterpretados como señales sobrenaturales por una población sin conocimientos científicos. Al proponer esta teoría —al intentar explicar un mal popular mediante la ciencia—, se inscribía en una noble tradición que se remonta al gran auge vampírico en Europa, a comienzos del siglo XVIII. En aquel tiempo, los supuestos testimonios sobre vampiros procedentes de Oriente helaron los salones de Inglaterra, Alemania y, sobre todo, Francia, donde, como escribió célebremente Voltaire, «no se hablaba de otra cosa que de vampiros, de 1730 a 1735».

Era, al fin y al cabo, la autoproclamada era de la razón, y sus grandes figuras —como Voltaire o Rousseau— se preguntaban cómo personas aparentemente respetables podían dejarse arrastrar por semejante credulidad ante las histerias populares. Así, incluso en pleno apogeo del mito vampírico, los hombres de razón se esforzaron en ofrecer explicaciones científicas; algunos atribuyeron el fenómeno a intoxicaciones alimentarias, otros a la adicción al opio.

Sin embargo, cuando se examinan de cerca los relatos históricos, tales explicaciones resultan poco convincentes. Los hombres lobo del siglo XVI eran detenidos y parecían completamente lúcidos —y plenamente humanos— durante largos interrogatorios y juicios, algo imposible para un enfermo de rabia. En los relatos de vampiros del siglo XVIII, los testigos desenterraban cadáveres que, a plena luz del día, estaban indudablemente muertos, no retorciéndose en ninguna agonía rábica. Y persiste un hecho insoslayable, por muy violenta que sea su manifestación en humanos, la rabia rara vez los impulsa a morder y tampoco provoca en ellos la profusa salivación que sí se observa en los perros. Dicho llanamente, los humanos no transmiten la rabia.

Aun así, la teoría del doctor Gómez-Alonso, aunque dudosa en su literalidad, roza una verdad metafórica más honda. Muchos de nuestros horrores más persistentes —vampiros y hombres lobo incluidos— comparten motivos narrativos que se desprenden de manera natural de la rabia, en todos los sentidos de la palabra. Basta asomarse a la cartelera del cine de terror: villanos que irrumpen desde la oscuridad, mordiendo, abalanzándose, desgarrando; y siempre el contagio, una maldad que pasa de víctima en víctima, extendiéndose a través de mordeduras, besos o lametones. Es una figura familiar —un ser de confianza, alguien del círculo íntimo— la que de pronto se ve poseída por un mal salvaje e inexplicable.

Desde los días de la *lyssa*, e incluso antes, estos tropos demoníacos han estado íntimamente entrelazados con la rabia, una presencia constante a través de continentes y épocas. Durante la mayor parte de la historia humana, para quienes sabían poco o nada de medicina, la rabia no fue más que otra historia de terror del mismo género; un grito oído hoy en la aldea vecina, cuyo eco resonaba mañana en la propia.

Licaón metamorfoseado en lobo, Bernard Picart, 1731 [Bridgeman Images].

En nuestro pasado más mágico, precinematográfico, estas historias no nacían de mentes entrenadas ni de presupuestos de *marketing* hollywoodiense, sino que se transmitían de hogar en hogar, de aldea en aldea. A menudo se contaban con la convicción visceral de que la amenaza era real e inminente. Y en ese tránsito mutaban, evolucionaban perversamente como organismos vivos, adaptándose a cada contexto. No se trataba solo de vampiros o de hombres lobo, sino de una obsesión con criaturas semihumanas y feroces: perros y lobos desatados, jóvenes enloquecidos, cánidos domésticos que se volvían contra sus dueños.

La pregunta, entonces, no es quiénes fueron los hombres lobo del siglo XVI —víctimas evidentes de histeria colectiva— ni quiénes los vampiros del XVIII —cadáveres malinterpretados—. La verdadera cuestión es otra. ¿Por qué? ¿Por qué se creyó y se temió con tanta fuerza que hombres podían merodear como lobos? ¿Qué hace tan aterrador al vampiro, esa criatura que, pese a su apariencia humana, devora la carne de sus víctimas? ¿Por qué las fuerzas oscuras adoptan tan a menudo la forma del perro? Nuestra respuesta coincide con la del doctor Gómez-Alonso: la infección animal —la idea zoonótica— es el horror original de la humanidad, y su etiología nos conduce una y otra vez al virus de la rabia.

Antes de precipitar esta saga del virus más diabólico del mundo hacia el siglo XIX, conviene detenerse un momento a catalogar sus manifestaciones, desde los perros demoníacos hasta los hombres lobo, y todo lo que habita en el espacio intermedio.

El primer licántropo, cuyo nombre dio origen al término, fue Licaón (Λυκάων), mítico primer rey de Arcadia. Según la leyenda, el propio Zeus descendió a hospedarse en su palacio, y el rey, en un acto de sacrílega osadía, decidió poner a prueba la divinidad de su huésped. Mató a un niño y lo sirvió en la mesa del dios. Al descubrir tan espantoso plato, Zeus, indignado, fulminó con sus rayos a cincuenta de los hijos de Licaón. Y para rematar su castigo, transformó al rey en lobo, una metamorfosis que Ovidio, en sus *Metamorfosis*, describe con rasgos inconfundiblemente rabiosos:

> Él mismo huyó aterrado hasta llegar a los campos silenciosos, / ahí, aulló cuando, en vano, intentó hablar: / su boca concentró toda la rabia que había en su interior / y dirigió su deseo habitual de matanza contra los ganados, / de manera que, aún hoy,

se regocija con la sangre. / Sus ropas se transformaron en vellos; sus brazos, en patas, / y él se convirtió en un lobo, pero mantuvo vestigios de su antigua forma: / sus canas eran las mismas y también la violencia de su rostro; / sus ojos brillaban como antes y su apariencia feroz era la misma.

Este relato remite a la *lyssa* homérica, la infección lobuna de la rabia, salvo que aquí la naturaleza del lobo se presenta de manera literal. Otras leyendas antiguas sobre hombres que se transforman en lobos, o poseídos por animales, parecen inspirarse en la ferocidad implacable con que algunos guerreros combatían. La tradición de los *berserkers* —del nórdico antiguo— describe a luchadores enajenados que vestían pieles de oso o de lobo sobre sus corazas. Su furia se interpretaba como una suerte de posesión demoníaca que los volvía insensibles al dolor. Una crónica los retrata antes de la batalla echando espuma por la boca, ladrando como lobos, mordiendo los bordes de sus escudos e incluso royéndolos hasta atravesarlos. De manera similar, siglos de tradición irlandesa evocan a los *Laighne Faelaidh*, una raza de hombres capaces de tomar la forma de lobo a voluntad, matar ganado y devorar carne cruda. Varios antiguos nombres tribales indoeuropeos —como los luvitas, los lucanos o los hircanios— parecen derivar de alguna variante de «hombres lobo».

Muchas de estas narraciones sobre hombres lobo o hombres perro se entrelazan con la xenofobia. Cuando Heródoto describe a los neuri —una tribu asentada en la actual Europa del Este, cuyos miembros «toman forma de lobo una vez al año, permaneciendo así durante varios días antes de recuperar su aspecto original»—, no parece hablar de un poder mágico, sino más bien atribuirles cualidades infrahumanas; acaso una forma de incomprensión hacia lo extranjero. Otro cronista antiguo, Ctesias de Cnido, relataba la existencia en la India de una tribu semihumana: «Se dice que en esas montañas viven hombres con cabeza de perro; llevan ropas de pieles de animales, y no hablan idioma alguno, sino que ladran como canes y se reconocen entre sí por esos sonidos. [...] Se aparean con sus mujeres a cuatro patas, como animales; unirse de otra manera les resulta vergonzoso».

Estrabón, el geógrafo del siglo I a. C., escribió sobre los cinomolgi, una tribu etíope de unos 120 000 hombres con cabeza de perro que se comunicaban ladrando. De manera semejante, los ch'i-tan, un pueblo del siglo x de la actual Manchuria, creían que al norte de su territorio existía un «Reino de los Perros», cuyos habitantes «tienen cuerpos de hombres y cabezas de perro. Llevan el cabello largo, viven desnudos, vencen a las fieras con sus propias manos y su idioma es como el ladrido canino». Los mapas medievales situaban con frecuencia a los cinocéfalos —los «hombres con cabeza de perro»— en los márgenes del mundo conocido, una práctica compartida tanto por cartógrafos cristianos como musulmanes.

La explicación más inmediata para tales creencias —incluido el mito del hombre lobo— es que las tradiciones populares usaban al perro, y a su primo salvaje el lobo, como símbolos de alteridad; un medio de atribuir infrahumanidad a los extranjeros, a los forasteros, a los fieles de credos extraños y temidos. Tal vez haya algo de cierto en ello. Pero ¿no resulta revelador que el animal elegido para encarnar esa otredad sea precisamente lo contrario de un ser extraño? Lo que convierte al perro demoníaco en una fuente tan poderosa de terror es, justamente, la familiaridad de su presencia. Cuando los humanos cuidan de sus perros, los convierten en compañeros fieles, silenciosos camaradas en el hogar. Pero se olvida la animalidad que aún palpita en ellos; y la rabia, esa esencia babeante, puede irrumpir en cualquier momento.

La cercanía entre canes y humanos es casi biológica. Han coevolucionado durante milenios. Incluso un perro asilvestrado suele mostrar cierta confianza hacia un desconocido, algo inconcebible en otras especies.

Barbara Allen Woods, antropóloga de la Universidad de California, elaboró una taxonomía para clasificar las miríadas de leyendas de la tradición oral europea en las que el diablo aparece bajo forma canina. A propósito de una de ellas, en la que un perro demoníaco acecha a un viajero, observa lo siguiente:

> Si existe algún fundamento en la idea de que las leyendas del diablo con apariencia de perro nacen de encuentros reales con canes de carne y hueso, se encuentra sobre todo en los relatos de viajeros nocturnos que aseguran haberse cruzado en el camino con un can demoníaco. Lo cierto es que en ello no hay nada particularmente extraordinario ni mítico; al contrario, resulta lo más natural del mundo que un perro vague por calles o senderos solitarios. Tampoco es raro que repita siempre la misma ruta;

es, de hecho, un comportamiento típico de la especie. Y quizá lo menos sorprendente sea que un perro errante decida acompañar a un caminante durante un trecho antes de alejarse por su cuenta. Con todo, cualquiera de estos rasgos perfectamente corrientes —o la combinación de todos ellos— puede volverse inquietante, sobre todo en circunstancias sombrías o en una mente predispuesta al temor.

Irónicamente, el célebre demonólogo del siglo XVI Nicholas Remy invirtió este mismo razonamiento al explicar por qué los espíritus malignos adoptan la forma de perros: «Cuando [los demonios] acompañan a alguien en su camino, muy a menudo toman la forma de un perro, que puede seguirlo de cerca sin despertar sospechas en los observadores». Los perros se han ganado nuestra confianza, y estamos habituados a su compañía —a veces incluso no solicitada—; ¿qué mejor recipiente, según Remy, para que un demonio se oculte?

El catálogo reunido por Woods está plagado de cuentos populares en los que un perro diabólico aparece en momentos de particular oscuridad: canes espectrales que rondan cementerios o castillos en ruinas; perros cuya mera visión anuncia una muerte o incita al suicidio; balas disparadas contra un perro infernal que nunca logran herirlo; animales que se acomodan a los pies de jugadores tramposos, cuyas ganancias provienen de pactos con el diablo; o el perro que acecha junto al ataúd de un niño e impide que reciba sepultura cristiana.

Con frecuencia, el perro demoníaco resultaba escalofriantemente comunicativo. En Frølund, un niño danés que hojeaba un libro de magia prohibida en la biblioteca de sus padres fue interrumpido por un ruido en el pasillo. Al abrir la puerta, apareció un gran caniche negro que lo miró «con unos extraños ojos suplicantes»[21]. En una leyenda

---

21 Por extraño que esto pueda parecernos hoy, el caniche aparece frecuentemente como el perro demoniaco en los viejos cuentos populares. Esta asociación se remonta, al menos, al *Fausto* de Goethe, que tiene a Mefistófeles apareciendo ante Fausto en forma de un caniche negro, que se instala con él e interrumpe constantemente cada vez que trata de traducir la Biblia. Cuando Fausto trata de echarlo, este le revela su verdadera naturaleza: «¡En largo y ancho cómo crece mi caniche! [...] / Enorme como un hipopótamo, / ¡con ojo ardiente y diente terrorífico! / ¡Ah! ¡Ahora te conozco, por supuesto!». Los masones también se creía que habían vendido sus almas al diablo, quien asistiría a sus reuniones en forma de un caniche negro.

suiza, dos hombres vieron a un perro extraño observando una fiesta y le preguntaron por qué estaba allí. El animal respondió, con toda naturalidad, que estaba a punto de estallar una pelea en la que alguien moriría, y que él —el diablo— pensaba reclamar esa alma. En un cuento sueco similar, el perro se mostró aún más elocuente. Dos hermanos de Sandåkra, tras cometer perjurio y escapar de la justicia, se prometieron que aquel que muriera primero regresaría como fantasma para revelar al otro lo aprendido sobre la vida después de la muerte. Poco después de fallecer uno de ellos, el otro encontró en los escalones de su cabaña a un gran perro negro. Reconociendo en él a su hermano, le preguntó qué había descubierto. «Quien una vez perjura, queda perdido para la eternidad», respondió solemnemente el perro. El hermano superviviente decidió entonces confesar su pecado.

Durante los juicios por brujería, era frecuente que las acusadas declararan tener «familiares» en forma de perro —sí, otra vez ese vocablo—, demonios que las acompañaban encarnados en canes. Elizabeth Clarke, que en el siglo XVII confesó haberse acostado con el propio diablo tres veces por semana, aseguraba recibir la compañía, durante sus correrías sexuales, de Jarmara, un spaniel blanco moteado, y de Vinegar Tom, un lebrel con cabeza de buey. Cuando los Devices —Alison, James y Elizabeth— fueron condenados por brujería en 1612, afirmaron poseer perros familiares con inclinaciones asesinas, bautizados con nombres como Dandy y Ball. En el relato de Alison sobre el ataque de su perro a un buhonero, era ella quien lo instigaba, pero era el animal quien le exponía sus opciones:

—¿Qué quieres que le haga a ese hombre de allí? —se alega que preguntó el perro, mientras el vendedor ambulante huía de lo que podía ser un ataque inminente.
—¿Qué puedes hacerle? —replicó Alison.
—Puedo lisiarlo.
—Lísialo —respondió la chica.
En menos de 40 yardas el hecho estaba consumado.

Obsérvese el juego de fuerzas en este último relato. El perro debe estar poseído corporalmente por la rabia más temible para ejecutar sus ataques sangrientos —por ejemplo, al lisiar al vendedor ambulante— y, sin embargo, también debe conservar una razón y una capacidad de comprensión casi humanas para presentarse ante la audiencia como una criatura escalofriantemente malvada. De nuevo aparece la ancestral dicotomía del perro: compañero intuitivo y leal, pero también bestia salvaje y potencialmente rabiosa. La inquietante rareza del perro demoníaco reside en ser, al mismo tiempo, más humano y más proclive a la locura insensata que el amigo de cuatro patas común.

Una fórmula semejante alimentó los relatos de hombres lobo del siglo XVI. A diferencia de los hombres con cabeza de perro que figuraban en los mapas, aquí se trataba de personas reales, a menudo conocidas por sus supuestas víctimas, quienes testificaban con aparente sinceridad que sus vecinos habían tomado la forma de lobos enloquecidos. Un recuento repetido con frecuencia —aunque quizá apócrifo— cifra en 30 000 los casos registrados en Francia entre 1520 y 1630. Independientemente de la exactitud de la cifra, lo cierto es que la historia nos ha legado suficientes ejemplos para mostrar que algo parecido a una epidemia estaba en marcha. He aquí una muestra:

1521. Dos hombres lobo confesos, Pierre Burgot y Michel Verdun, son juzgados en Poligny por numerosos asesinatos: de una niña de cuatro años, de una mujer que recogía guisantes... Junto con otro confederado licántropo, son condenados y quemados.

1530. Cerca de Poitiers, tres lobos enormes atacan a tres hombres jóvenes, uno de los cuales consigue amputar una oreja del lobo en la refriega. Al día siguiente, se observa que una conocida ramera del pueblo ha perdido una oreja.

1541. Un granjero en Pavía toma forma de lobo y asesina a múltiples víctimas. Tras su confesión, los magistrados ordenan la amputación de sus brazos y piernas, a causa de lo cual muere.

1558. Cerca de Apchon, un cazador a quien un caballero local había encargado traerle caza fue atacado por un lobo. Con gran destreza logró cortarle una pata. Más tarde, al abrir su bolsa para mostrarle el trofeo a su señor, descubrió con horror que aquella pata se había transformado en una mano femenina, la de la propia esposa del caballero. Al hallarse sin ella, la mujer confesó ser una mujer lobo. Fue condenada a la hoguera y reducida a cenizas.

1573. La ciudad de Dole, en la región de Franco Condado en el oeste de Francia, ordena formalmente a un campesinado que cace a un hombre lobo que merodea los alrededores, autorizando el uso de «picas, alabardas, arcabuces y palos».

1598. Una familia entera cerca de Dole, los Gandillon, es ejecutada por licantropía. La primera en morir, Pernette, supuestamente había atacado a dos niños, con la intención de devorarlos, pero solo logró matar a uno de ellos, un niño de cuatro años. Con la misma navaja que el niño había blandido para defender a su hermana, Pernette es despedazada miembro a miembro por la ciudadanía. El crimen atrae la atención de las autoridades hacia su hermano, Pierre, y hacia su hijo, Georges, ambos confiesan —después de lo que uno sospecha es un interrogatorio bastante persuasivo— haber tomado la forma de lobos mediante la aplicación de un ungüento. Pierre también tiene una hija, Antoinette, quien admite haber provocado tormentas de granizo. Los tres son ahorcados, sus cuerpos quemados. Mientras tanto, dos departamentos al sur, en la ciudad de Châlons, un sastre es sentenciado por haber raptado, asesinado y devorado a una multitud innumerable de niños. Sus supuestos crímenes son tan terribles que el tribunal ordena la incineración de todos los registros del caso —y, naturalmente, del sastre—. Ese mismo año, cerca de Angers, un niño de quince años es asesinado y un hombre medio mudo, con cabello y barba largos, es arrestado. Este hombre, Jacques Roulet, admite haber usado un ungüento para transformarse en lobo. También es sentenciado a muerte, aunque —en una señal de que los perseguidores de hombres lobo de Francia tal vez han perdido algo de su arrojo— el parlamento de París posteriormente conmuta su sentencia a dos años de encarcelamiento.

Una tarde de primavera de aquel mismo año, unas jóvenes pastoras que cuidaban sus ovejas se toparon con un muchacho pelirrojo de unos trece años. «El brillo del cielo», escribe Baring-Gould, «la frescura del aire de la azul y resplandeciente bahía de Vizcaya, y el canto del viento, que arrancaba una rica melodía a los pinos alzados como una ola verde hacia el este [...] conspiraron para llenar de alegría a las campesinas, e hicieron que sus voces resonaran entre las colinas con cantos y risas».

La obra *El encantador de lobos* (*The Wolf-Charmer*), grabada por Henry Marsh en 1867, se basó en una obra original del artista estadounidense John La Farge [The Met].

El niño, encaramado en un árbol, era evidentemente pobre —su delgadez y sus ropas harapientas lo delataban—, pero presentaba rasgos inquietantes; los prominentes dientes blancos que asomaban tras su sonrisa lasciva le conferían un aire amenazador. «He matado perros y bebido su sangre», les dijo. «Pero las muchachas son mejor presa. Su carne es tierna y dulce, su sangre sabrosa y cálida. He devorado a muchas doncellas, pues he campeado junto a mis nueve compañeros. ¡Soy un hombre lobo!», continuó, como si aún hiciera falta aclararlo. «¡Si el sol se pusiera pronto, me abalanzaría sobre una de vosotras y la engulliría!». Las jóvenes huyeron y relataron su encuentro con aquel extraño muchacho. Otra pastora de la zona, Marguerite Poirier, lo conocía aun mejor. Había trabajado junto a él cerca de su aldea, St. Antoine de Pizon. Su nombre era Jean Grenier, explicó, y la había acosado en repetidas ocasiones con historias similares. Peor aun, hacía poco había cumplido sus amenazas. Un día, mientras Jean estaba ausente de sus labores, un lobo la atacó y le desgarró la ropa. ¡La criatura tenía el mismo pelo rojo que Jean!

El caso de Grenier llegó al parlamento de Burdeos, que abrió una investigación que produjo, como en tantos juicios de brujería y licantropía de la época, una sorprendente serie de confesiones. Grenier declaró que un «hombre negro» llamado M. de la Forest le había entregado un ungüento y una piel de lobo con los que podía transformarse. Además de confirmar su ataque a Poirier, admitió haber devorado a tres niños, incluido un bebé arrebatado de su cuna.

Sin embargo, al igual que en el proceso contra Jacques Roulet cinco años antes, el parlamento descartó la ejecución y dictó en su lugar cadena perpetua en un monasterio cercano. Pierre de Lancre, célebre cazador de brujas que había participado en el juicio, visitó al joven en 1610. Grenier seguía confesando ser un hombre lobo y, según Lancre, «admitió también que todavía deseaba comer carne de niños pequeños, y que encontraba la carne de las niñas particularmente deliciosa. Le pregunté si lo volvería a hacer si pudiera, y respondió que sí». No obstante, Jean nunca volvió a saciar aquel deseo. Poco después de su entrevista con De Lancre, murió en confinamiento, sin que quedara registrada la causa.

Richard Mead, uno de los médicos ingleses más influyentes del siglo XVIII, publicó en 1702 un relato sobre la rabia que puede describirse como un caso de licantropía. Como todo buen relato de terror, llegaba adornado por la distancia. Mead lo había oído de alguien que lo escuchó de alguien, pero —aseguraba— provenía de un hombre «muy cercano en parentesco al desdichado paciente». En Escocia, relataba el doctor:

> Un joven fue mordido por un perro rabioso, dio la casualidad que se casaba esa misma mañana. Pasó [como es habitual] todo ese día, hasta muy entrada la noche, en regocijo, bailando y bebiendo: por la mañana, fue encontrado en la cama completamente loco; su novia [¡horrible espectáculo!] muerta junto a él; su vientre desgarrado con sus dientes, y sus entrañas enroscadas alrededor de sus manos ensangrentadas.

El breve lapso entre la mordedura y la aparición de los síntomas neurológicos —¡menos de un día!— basta para disipar cualquier sospecha de que se tratara realmente de un caso de rabia. También los detalles del ataque resultan poco verosímiles. La rabia puede desatar cierta violencia en sus huéspedes humanos, sin duda, pero lo hace por lo general en forma de arrebatos de locura y las mordeduras son poco frecuentes. El esfuerzo concentrado necesario para masticar y abrir un abdomen humano —por no hablar de enfrentarse al torrente de sangre fresca— supera lo que un hidrófobo típico podría manejar.

Con todo, los paralelismos entre este supuesto caso clínico y los relatos de licantropía tan en boga en la época resultan notables. Mead llega incluso, apenas unas páginas después, a invocar la influencia de la luna. «Revisando las historias de los muchos pacientes que he atendido en esta deplorable condición», escribe, «observo que alrededor de la mitad fueron atacados por los espasmos que preceden a la hidrofobia en luna llena, o el día anterior». Como muchos médicos de su tiempo, Mead intentaba aplicar al cuerpo humano las percepciones mecánicas de Isaac Newton, cuyas demostraciones matemáticas sobre los objetos físicos habían dejado una huella profunda en la mentalidad de finales del siglo XVII. Su teoría sostenía que la gravedad lunar atraía los fluidos corporales en distintas direcciones según la fase, lo que influía en la salud o en la enfermedad del paciente. Pero a pesar de este marco científico —o, al menos, cuasicientífico—, sus referencias prácticas a la luna rozaban lo arbitrario, cuando no lo supersticioso. Sostenía, por ejemplo, que los epilépticos presentaban manchas en la cara que imitaban las zonas oscuras de la superficie lunar y que «variaban tanto en color como en magnitud, según la fase», lo que permitiría al médico predecir la inminencia de las convulsiones. Incluso citaba con aprobación el caso, relatado por un autor anterior, de una mujer cuya belleza «dependía de la fuerza lunar, hasta tal punto que en luna llena estaba rolliza y muy hermosa».

Con todo, lo más llamativo del truculento relato de Mead es el escenario en que lo sitúa; una noche de bodas en la que una joven novia es desflorada de la manera más horrorosa y poco convencional. Los ataques domésticos —en los que la víctima es un cónyuge o un amante— aparecen de tanto en tanto en la tradición licántropa. Uno de estos relatos está tan extendido —con variantes desde Transilvania hasta Uruguay— que los antropólogos lo bautizaron como la «leyenda de la prenda desgarrada». En la versión más común, un hombre, al regresar a casa cabalgando con su esposa, repentinamente le entrega las riendas y se adentra en unos arbustos. Ella espera; de repente, un perro furioso sale disparado de la maleza y le muerde salvajemente. Más tarde, sola y herida, vuelve a casa y encuentra a su marido aguardándola. Mientras él se acerca sonriendo, ella distingue entre sus dientes jirones de su vestido desgarrado.

Este tipo de agresiones íntimas son considerablemente más comunes en los relatos de vampiros, donde el cónyuge muerto o el amor perdido regresa a acechar a la pareja viva. Sabine Baring-Gould cita un relato vampírico ambientado en el Bagdad de principios del siglo XV, que guarda más que un parecido superficial con el relato de rabia de Richard Mead, aunque en este caso es la joven mujer quien se ve impulsada a festines animalescos. En la noche de bodas de un tal Abul-Hassan, el hijo de un rico comerciante, la novia se escabulle del lecho matrimonial cuando cree que su recién marido está dormido. Esto se repite noche tras noche, hasta que Abul-Hassan se propone seguirla. A la luz de la luna la rastrea hasta un cementerio, donde se enfrenta a un cuadro aterrador; una pandilla de criaturas espectrales, devorando cadáveres. Horrorizado, ve a su esposa —quien, señala Baring-Gould, «nunca cenaba en casa»— participando activamente en el horrendo banquete.

certain CURE for the BITE of a MAD DOG.

LET the Patient be blooded at the Arm nine or ten Ounces.

Take of the Herb call'd in Latin *Lichen Cinereus Terreſtris*, in Engliſh *Aſh-colour'd Ground Liverwort*, clean'd, dry'd, and powder'd, half an Ounce.

Of black Pepper powder'd, two Drachms.

Mix theſe well together and divide the Powder into four Doſes, one of which muſt be taken every Morning, faſting, for four Mornings ſucceſſively, in half a Pint of Cow's Milk warm. After theſe four Doſes are taken, the Patient muſt go into the Cold Bath, or a cold Spring or River, every Morning faſting, for a Month: He muſt be dipt all over, but not ſtay in (with his Head above Water) longer than half a Minute, if the Water be very cold. After this he muſt go in three Times a Week for a Fortnight longer.

N. B. The *Lichen* is a very common Herb, and grows generally in ſandy and barren Soils all over *England*. The right Time to gather it is in the Months of *October* or *November*.

R. M.

«Un remedio seguro para la mordedura de un perro rabioso»,
obra del médico británico Richard Mead (1673-1754).

La noche siguiente, Abul-Hassan la confronta con lo que ha presenciado. Ella contraataca literalmente con uñas y dientes, desgarrándole el cuello, intentando beber su sangre. Ante esto, Abul-Hassan la golpea y la mata; pero tres noches después, a medianoche, ella regresa, tratando de nuevo alimentarse de su cuello. Solo al abrir su tumba y quemar su cadáver logran acabar con la vampiro.

Antes de continuar con asuntos aún más vampíricos, vale la pena reproducir el remedio para la mordedura de perro que Richard Mead recomendaba para prevenir cualquier aparición de locura violenta. Primero, al paciente se le debía sangrar del brazo, con una extracción de nueve o diez onzas. Segundo, el paciente debía mezclar un polvo medicinal —una mezcla de pimienta negra y hepática gris (*Lichen cinereus terrestris*)— en media pinta de leche de vaca tibia y beberlo cada mañana durante cuatro días consecutivos. Finalmente, durante un mes completo, el paciente debía bañarse cada mañana en agua fría. Esta última etapa, consideraba Mead, era de la máxima importancia, como demuestra el caso de «una mujer joven y vigorosa» tratada por un tal doctor Willis. Habiendo estado «completamente loca siete u ocho días», Willis ordenó llevarla al exterior a medianoche y arrojarla desnuda a un río: «donde nadó sin ayuda por más de un cuarto de hora». Poco después, informa Mead, ella «se recuperó sin la ayuda de ningún otro remedio». Cabe suponer que esto significa que la paciente ya no estaba loca; si conservó su vigor, Mead no lo dice.

Falso vampiro menor, *Megaderma spasma* (ca. 1790). Obra de la Escuela India, posiblemente creada bajo encargo británico durante el periodo colonial.

*   *   *

Si la epidemia de hombres lobo del siglo XVI había sido una histeria que corría de boca en boca, el *boom* vampírico del siglo XVIII se desarrolló como un fenómeno *mass media*, alentado por noticias publicadas en la Europa oriental, tierras donde el vampirismo formaba parte del folklore local. Algunos de estos despachos fueron escritos por corresponsales occidentales, que reportaron estos extraños sucesos con horror. *Le Nouveau Mercure Galant*, un periódico francés, publicó en 1694 un relato de vampiros que «chupaban la sangre de personas y ganado en abundancia». Continuaba: «Chupaban a través de la boca, la nariz pero principalmente a través de los oídos. Dicen que los vampiros tenían una especie de hambre que los hacía masticar incluso sus sudarios en la tumba».

Pero fue entre 1710 y 1756 cuando llegó la gran oleada. Relatos de Prusia, Hungría, Silistra (en la actual Bulgaria) y Valaquia (en Rumania) el territorio de Vlad el Empalador, cuyo nombre se apropiaría posteriormente Bram Stoker para su *Drácula*... El más famoso entre estos relatos fue la historia de Arnod Paole, un soldado serbio muerto que los lugareños creían se había convertido en vampiro. Debido a la Paz de Passarowitz, firmada por los Habsburgo y el Imperio Otomano en 1718, el territorio serbio había sido transferido a Austria, y así la mayoría de los soldados austriacos enviados desde Occidente se encontraron por primera vez con los serbios y su tradición. Motivado por los rumores sobre Paole y otros convecinos, un oficial médico austriaco llamado Johannes Flückinger redactó un informe en 1732 titulado *Visum et repertum* (*Visto y descubierto*) que rápidamente se diseminó a lo largo de Europa occidental. Parte de su atractivo radicaba en ser el testimonio firmado por un soldado —médico, nada menos— que aseguraba relatar escrupulosamente los hechos, tal y como los había visto: «tras informarse de que en el pueblo de Medvegia los llamados vampiros habían matado a algunas personas chupando su sangre», comienza Flückinger:

> «Fui enviado allí por decreto de un honorable Mando Supremo local para investigar minuciosamente el asunto, junto con oficiales designados para tal propósito. [...] Los *haiduks* [soldados

serbios de la zona] relatan unánimemente que hace unos cinco años un *haiduk* local llamado Arnod Paole se rompió el cuello al caer de un carro de heno. Este hombre había revelado a menudo durante su vida que, cerca de Gossowa en la Serbia turca, había sido atormentado por un vampiro, por lo que comió tierra de la tumba del vampiro y se untó con su sangre para librarse de tal vejación. Entre veinte y treinta días después de su muerte, varias personas se quejaron de estar siendo molestadas por este mismo Arnod Paole; de hecho, cuatro personas fueron asesinadas por él. Para acabar con este mal, desenterraron a Arnod Paole cuarenta días después de su muerte —por consejo de su *Hadnack* [o sabio], quien había presenciado eventos similares—. Encontraron que estaba completamente íntegro y sin descomponer, con sangre fresca manando de ojos, nariz, boca y oídos. La camisa, mortaja y ataúd estaban completamente ensangrentados. Las uñas de manos y pies se habían desprendido junto con la piel, y habían crecido otras nuevas. Al ver que era un verdadero vampiro, le clavaron una estaca en el corazón según su costumbre, momento en el cual dio un gemido audible y sangró copiosamente».

Intrigado por este relato, Flückinger y sus compañeros oficiales acompañaron a los *haiduks* al cementerio de Medvegia mientras abrían las tumbas de otros presuntos vampiros, incluida la propia esposa del Hadnack, que había muerto apenas siete semanas antes. El equipo de Flückinger diseccionó varios de los cadáveres, y es evidente por el informe que salieron de este macabro trabajo como creyentes. Al final, *Visum et repertum* adopta la creencia de los lugareños, afirmando que muchos de los cadáveres se encuentran en «condición de vampirismo».

La mayoría de los informes vampíricos de la época son esencialmente similares. El cadáver del vampiro parece sorprendentemente intacto, con sangre fresca alrededor de su boca. Pero el erudito estadounidense Paul Barber, en su magnífico libro de 1988, *Vampires, Burial, and Death* —del cual se extrae el fragmento anterior del informe de Flückinger—, presenta un argumento muy convincente de que estos informes, incluso los de los médicos, simplemente malinterpretan las formas en que los cuerpos pueden descomponerse después de la muerte. La epidermis a menudo se desprende, revelando la dermis, que se asemeja a una «segunda piel»; los lechos ungueales se asemejan a uñas nuevas. Y, lo más importante, los cuerpos tienden a hincharse, empujando lo que puede parecer sangre fresca —en realidad sangre relicuada— fuera de la nariz y la boca. El «masticar de sudarios en la tumba», como lo expresó *Le Nouveau Mercure Galant*, es en realidad el sonido de cuerpos hinchados que gorgotean y estallan; el omnipresente «gemido» de un vampiro estacado no es más ni menos, en opinión de Barber, que la liberación de gases acumulados.

El otro punto clave que aporta Barber es que muchos de los atributos que asociamos con los vampiros —de hecho muchos de los citados por el doctor Gómez-Alonso— son en realidad creaciones del vampiro literario, tal como fue dibujado por escritores occidentales del siglo xix. Es cierto que la tradición oriental a veces afirmaba que el vampiro cambiaba a formas animales, pero no siempre, y generalmente no lo hacía a forma de perro. Un relato de Siret, en el norte de Rumania, presenta al vampiro convirtiéndose en gato para escapar, mientras otro antropólogo enumera las formas animales del vampiro como «lobo, caballo, burro, cabra, perro, gato, polluela, rana y mariposa». La forma de perro negro gruñendo, o los perros que aúllan ante la presencia del vampiro mientras pisa silenciosamente por sombríos senderos campestres, son creaciones literarias de carácter particularmente anglosajón.

Lo más importante para nuestro relato es que la mordedura del vampiro —tan clave en nuestra concepción actual— apenas aparece en los relatos populares tradicionales. Cuando el vampiro ataca, lo hace en el pecho o torso, pero más frecuentemente asfixia a sus víctimas mientras duermen; el sueño se convierte así en el momento de encuentro ideal entre el vampiro y su víctima. En su forma original, el vampiro parecía representar el terror a la muerte misma, más que las furias animales que hemos visto en otros mitos; sin embargo, durante su transformación en la literatura occidental del siglo xix, el vampiro evolucionó hacia una criatura que, para los efectos de nuestro relato, desarrolló una naturaleza más agresiva y, literalmente, más mordedora.

* * *

El vampiro que conocemos hoy nació, curiosamente, al mismo tiempo y en el mismo lugar que su famoso compañero gótico, el monstruo de Frankenstein. Fue en el verano de 1816, en Suiza, cuando cinco *viveurs* ingleses se reunieron en Villa Diodati, una casa señorial cerca del lago Lemán que Byron había arrendado para el verano. El grupo incluía a los poetas lord Byron y Percy Shelley; la amante de Shelley, Mary Godwin —pronto Mary Shelley—, y su hermanastra, Claire Clairmont, entonces embarazada —aunque esto no se sabía en ese momento, tal vez ni ella misma— del hijo de Byron; y el médico personal de Byron, John Polidori. Es difícil imaginar qué paz esperaba encontrar cualquiera de ellos en este refugio junto al lago, dado el drama que perseguía a Byron sin importar cuán lejos tratara de huir. A pesar de sus intentos de abandonar a Clairmont en Inglaterra, fue ella quien convenció a los Shelley de visitarlo, así que Byron se vio obligado a usar a Polidori como escudo humano para evitar que Clairmont lo acorralara a solas. Para empeorar las cosas, el mundo exterior creía que la irregular vida personal de Byron era aún más dramática de lo que realmente era. El propietario de un hotel al otro lado del lago llegó a alquilar catalejos para espiar las supuestas depredaciones carnales del famoso escritor. Cuando colga-

Vista de la residencia Villa Diodati, por Sigismond Himely y Jean DuBois, c. 1834-1849. Aguafuerte y aguatinta coloreada [MAH Genève].

ron unos manteles a secar en el balcón de la villa, los mirones del hotel los interpretaron como enaguas de damas, que naturalmente asumieron habían sido desechadas al llegar a la villa como peaje de admisión.

Una noche, cuatro de los cinco compañeros —Clairmont excluida— decidieron embarcarse en un proyecto de escritura. Habían estado leyéndose unos a otros historias de un libro francés de relatos sobrenaturales llamado *Fantasmagoriana*; Byron sintió que el grupo reunido podía hacerlo aun mejor. «Escribiremos cada uno un cuento de fantasmas», sugirió; y, como relataría después Godwin en su introducción a *Frankenstein*, «su propuesta fue aceptada». Su propia contribución, por supuesto, pronto se convertiría en su creación más famosa. Las ideas de Shelley y Byron parecían poco entusiastas en comparación con sus poderes creativos, y ninguno de los dos poetas decidió después desarrollar la suya. Luego estaba el «pobre Polidori», como lo llamó condescendientemente Godwin, tenía «una idea terrible sobre una dama con cabeza de calavera, que fue castigada por espiar por el ojo de una cerradura… qué iba a ver, lo olvido… algo muy escandaloso y perverso, por supuesto». Su relato nos hace creer que solo su historia de fantasmas, de las cuatro concebidas durante esos días en Villa Diodati, sobrevivió para atormentar al público lector.

Ilustración de la obra *El vampiro*,
de John William Polidori [Bridgeman Images].

Sin embargo, ese mismo verano, una de las ideas desechadas encontró nueva vida, aunque en manos de otro participante. Habiendo guardado su propia «terrible idea» para un uso futuro —desempeñaría un papel menor en una novela más extensa, aunque con poco éxito—, el doctor Polidori se encontró reflexionando sobre un fragmento de Byron. Era un cuento de fantasmas muy sencillo, apenas desarrollado. Dos amigos de Inglaterra viajan a Grecia, y uno muere allí. Antes de fallecer, el moribundo pide a su amigo que jure nunca revelar en casa que está muerto, y el amigo acepta. Pero de vuelta en Inglaterra, pronto descubre que su amigo muerto ha regresado y ocupa de nuevo su lugar en la sociedad. El hombre vivo se ve entonces sumido en la angustia de su juramento: no puede revelar a nadie —ni siquiera a su propia hermana, que comienza a enamorarse del difunto— que están conviviendo con un espectro. Animado por una amante, Polidori pasó unos días puliendo este esquema básico hasta convertirlo en un cuento de fantasmas más aterrador y mordaz que el originalmente concebido. Era más punzante porque Polidori claramente modeló su villano no-muerto según su jefe —pronto exjefe, pues los dos discutían constantemente—, el propio Byron. El amigo moribundo se convirtió en lord Ruthven, un aristócrata disoluto y con problemas financieros, un seductor canallesco de mujeres. El nombre Ruthven en sí era una pista obvia, era el mismo nombre dado al personaje basado en Byron en *Glenarvon*, una novela basada en hechos reales que lo contaba todo sobre el poeta, escrita por lady Caroline Lamb, uno de sus muchos enredos recientes, y publicada justo antes de que Polidori escribiera.

Pero el relato reformulado también era más terrorífico, porque el espectro de Byron se convirtió, en manos de Polidori, no simplemente en un fantasma sino en un vampiro, una figura entonces bien conocida en la intriga popular pero aún no tanto en la ficción. El vampiro de Polidori, aunque no el primero en inglés, se convertiría en el molde la ficción vampírica —y, más tarde, cinematográfica— que le siguió. En su empeño por satirizar a Byron, a Polidori se le ocurrió hacer dos brillantes conexiones metafóricas que persisten hasta hoy. La primera es el vampiro como aristócrata, como un hombre cuyos tratos con la plebe se limitan a las depredaciones de su carne. La segunda, y más crucial, es el vampiro como seductor, un hombre cuya actitud hacia las mujeres está impulsada por apetitos insaciables, cuasisexuales —o literalmente

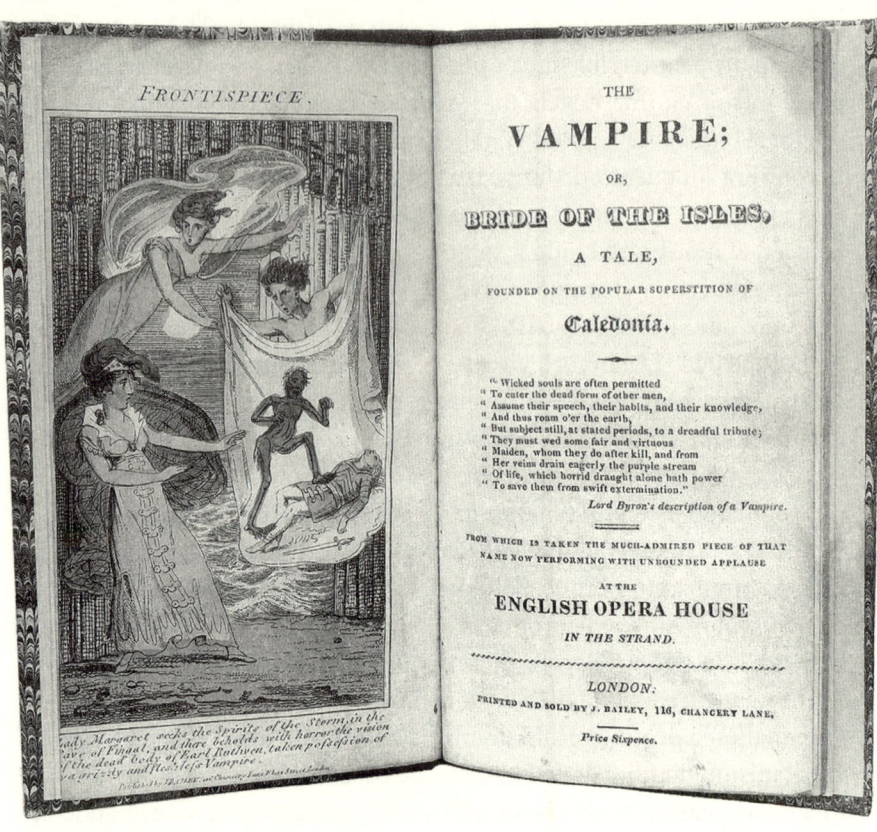

Portada de *The Vampire; or, Bride of the Isles* (1820), adaptación teatral de James Robinson Planché basada en el mito del vampiro Lord Ruthven, popularizado por el relato de John Polidori (1819). Esta obra, estrenada en el English Opera House de Londres, introdujo la innovadora «trampa del vampiro» (*vampire trap*), un mecanismo escénico que permitía al personaje desaparecer mediante una trampilla. El vampiro Ruthven, inspirado en la figura de lord Byron, se convirtió en un icono cultural que revolucionó el teatro gótico y consolidó la figura del vampiro aristocrático en la literatura occidental [D&D Galleries].

sexuales—. Y sin embargo, en el momento de la consumación, por así decirlo, el vampiro adopta una rabia similar a la *lyssa*, como descubre el protagonista masculino inocente:

> Fue levantado del suelo y arrojado con enorme fuerza contra este. Su enemigo se abalanzó, y arrodillándose sobre su pecho, puso las manos en su garganta cuando el resplandor de muchas antorchas penetró por la claraboya lo perturbó.

Poco después, la víctima femenina es descubierta: «No había color en su mejilla, ni siquiera en sus labios; pero había una quietud en su rostro que parecía casi tan atractiva como la vida que una vez habitó allí. En su cuello y pecho había sangre, y en su garganta estaban las marcas de los dientes que habían abierto la vena».

Estos dos atributos, nobleza y lujuria, también definen a nuestros propios vampiros, desde Bram Stoker hasta Anne Rice y Stephenie Meyer. El vampirismo es una corriente subterránea, oscura y animal que acecha al ser humano, incluso al más refinado de nosotros, y aún en nuestras relaciones más íntimas.

La mordedura del vampiro impacta más por la destrucción de nuestra humanidad, nuestra domesticidad, nuestra intimidad. Más allá de la profusión de ficción vampírica que surgió del relato de Polidori —publicado como *El vampiro*— y alcanzó su apogeo con *Drácula*, el vampiro también llegó a funcionar como un tropo poderoso en escritos menos fantásticos. Al igual que con la *lyssa* de Homero, o la ira de *La Chanson de Roland*, el vampiro acecha a través de la literatura inglesa del siglo XIX como una metáfora lista para usar de la fuerza animal que subyace en las pasiones de los hombres, o, según sea el caso, de las mujeres.

* * *

El vampiro más grande se posó sobre el hombro de Morales,
ilustración de *Journal des Voyages* (1879-80).

No sería hasta el final del siglo XIX que el anfitrión más antiguo de la rabia —el murciélago— encontraría un hogar permanente en los relatos vampíricos. Sin embargo, la asociación se había establecido durante siglos por quienes siguieron las noticias del Nuevo Mundo español. Un relato del siglo XVI sobre La Española, escrito por el historiador Gonzalo Fernández de Oviedo y Valdés y publicado en forma abreviada durante la década de 1520, describía curiosidades como la piña, la hamaca y el tabaco. Su relato también introdujo a los europeos en una aterradora variedad de murciélago chupasangre. «Usualmente muerden de noche», informó Oviedo, «y más comúnmente muerden la punta de la nariz o la punta de los dedos de manos y pies, y chupan tal cantidad de sangre de la herida que es difícil de creer a menos que uno lo haya observado [...] La herida misma es pequeña, pues el murciélago saca solo un pequeño círculo de carne». Las traducciones de la historia abreviada de Oviedo encontraron popularidad en toda Europa occidental durante la década de 1550; con el tiempo, los conquistadores españoles llegaron a llamar a los murciélagos «vampiros», por su parecido con los monstruos míticos de Europa.

Comprendiendo tres especies confinadas a las regiones tropicales y subtropicales de las Américas, los murciélagos vampiros son únicos entre los mamíferos por su hábito de subsistir gracias al tejido sanguíneo de otros vertebrados de sangre caliente. La descripción de Oviedo de sus comportamientos alimentarios es impresionantemente precisa. Los murciélagos sí muerden preferentemente las puntas ricas en capilares de dedos, pies y narices; y a través de una pequeña apertura circular hecha en la piel de la víctima, efectivamente pueden lamer grandes cantidades de sangre para su tamaño, gracias a un anticoagulante en su saliva que también puede provocar sangrado excesivo en sus víctimas después de que beben hasta saciarse y se alejan volando. Cuando este anticoagulante fue descubierto en el siglo XX, fue traviesamente nombrado draculina, un apodo que ha perdurado. Con casi toda seguridad, estos murciélagos albergaban rabia en el tiempo de la conquista española, y el relato de Oviedo proporciona cierto apoyo a ese hecho, llama a sus mordeduras «venenosas» e informa que «algunos cristianos murieron» por el veneno antes de que los nativos explicaran su cura local, a saber, la cauterización.

Francisco de Goya y Lucientes, *Mucho hay que chupar*, (Capricho 45), 1799. Aguafuerte y aguatinta. Goya critica ferozmente la superstición y la ignorancia. Los vampiros, que acaban de alimentarse (de ahí el rapé digestivo), representan a las clases que «chupan» la vida del pueblo, simbolizado por la cesta de inocentes. La obra pertenece a la serie «Los Caprichos» [M. Knoedler & Co., 1918/The Met].

Para principios del siglo xix, los relatos de murciélagos vampiros circulaban ampliamente en el mundo de habla inglesa. J. G. Stedman, en un relato de 1796 de sus años en Surinam, describe su encuentro con un murciélago chupasangre en términos fantásticos. «Al despertar alrededor de las cuatro de la mañana en mi hamaca», escribe:

> Me alarmé extremadamente al encontrarme revolcándome en sangre coagulada, y sin sentir dolor alguno [...] Había sido mordido por el vampiro, o espectro, de Guayana, que también es llamado el perro volador de Nueva España, y, por los españoles, perro-volador. Este no es otro que un murciélago de tamaño monstruoso, que chupa la sangre de hombres y ganado cuando están profundamente dormidos, incluso, a veces, hasta que mueren; y como la manera en que proceden es verdaderamente maravillosa, intentaré dar un relato detallado de ello. Sabiendo por instinto que la persona que pretenden atacar está en sueño profundo, generalmente se posan cerca de los pies; donde, mientras la criatura continúa abanicando sus enormes alas, lo que mantiene fresco, muerde un pedazo de la punta del dedo gordo del pie, tan pequeño, de hecho, que la cabeza de un alfiler apenas podría caber en la herida, que, por consiguiente, no es dolorosa; sin embargo, a través de este orificio continúa chupando la sangre, hasta que se ve obligado a regurgitar. Luego comienza de nuevo, y así continúa chupando y regurgitando hasta que apenas puede volar, y se ha sabido que el paciente a menudo ha dormido desde el tiempo hacia la eternidad [...] Habiendo aplicado cenizas de tabaco como el mejor remedio, y lavado la sangre de mí mismo y de mi hamaca, observé varios pequeños montones de sangre coagulada, por todo el lugar donde había yacido, sobre el suelo; al examinar lo cual, el cirujano juzgó que podría haber perdido al menos doce o catorce onzas durante la noche.

Aproximadamente al mismo tiempo, el pintor español Francisco Goya estaba usando figuras espectrales similares a murciélagos para simbolizar fuerzas vampíricas. Grandes murciélagos sombríos se ciernen sobre una figura encorvada de la Razón, en *El sueño de la razón produce monstruos*, y también, en *Hay mucho que chupar*, detrás de tres brujas asesinas frente a una canasta llena de bebés. Sus *Caprichos* ilustran una serie de figuras vampíricas en el acto de devorar inocentes dormidos. En 1804, William Blake representó un murciélago vampiro en dos grabados que acompañan su poema *Jerusalén* para simbolizar lo que él llama el espectro; las energías divisivas y aniquiladoras que canibalizan la psique humana. Pero llevó a los científicos hasta 1810 proporcionar una descripción del murciélago hematófago —es decir, chupasangre—. Incluso en 1839, cuando Charles Darwin comentó sobre los hábitos alimentarios de un murciélago Desmodus durante sus viajes a bordo del Beagle, señaló que «toda la circunstancia ha sido dudada últimamente en Inglaterra; por tanto, fui afortunado al estar presente cuando uno [...] fue realmente capturado sobre el lomo de un caballo».

Quedó para la novela vampírica británica formalizar la relación entre la criatura no-muerta y su tocayo latinoamericano. La portada de *Varney el vampiro* de James Malcolm Rymer, que comenzó como una serie de horror que se publicó entre 1845 y 1847, exhibía cuatro murciélagos diabólicos que revoloteaban siniestros en torno al distinguido pero esquelético sir Varney, quien se alzaba dispuesto a saciar su sed en el cuello de la hermosa morena que dormitaba a sus pies. Y luego el *Drácula* de Bram Stoker, en 1897, hizo la conexión inequívoca, con la presencia del conde a menudo identificada como de murciélago más que por su forma humana. Desde entonces, el vampiro ficticio ha viajado en compañía de otros quirópteros, ya sea en novelas, en Hollywood, o en *Barrio Sésamo*, aunque en esta última instancia, el número de murciélagos siempre puede ser fácilmente contado.[22]

---

22 *Nota del editor.* Para nuestros lectores más jóvenes a quienes *Barrio Sésamo* les suena a historia antigua, los autores se refieren al Conde Draco (España) o Conde Contar (Hispanoamérica), un vampiro obsesionado con los números. Su risa, siempre acompañada de truenos, era tan célebre como su capa. Su nombre original en inglés, Count Von Count, delata su verdadera pasión, contar cualquier serie de elementos.

IV. CANICIDIOS

En 1847, el evangelista estadounidense Alexander Campbell viajó por Europa y enviaba a casa artículos esporádicos para su revista mensual, *Millennial Harbinger*, de la que era fundador. En los páramos del norte de Escocia se encontró con melancólicos paisajes que describió con la sensibilidad y delicadeza propias de un hombre de fe. En su largo trayecto de Aberdeen a Banff, se detuvo a visitar la finca, amorosamente cultivada pero casi deshabitada, de James Duff, cuarto conde de Fife, que residía allí a la venerable edad de setenta y un años, sin familia y con muy pocos sirvientes. Criatura nocturna en aquel enorme castillo inacabado, Duff despertaba a las cinco de la tarde y regresaba a su lecho a las cinco de la mañana. «Uno no puede concebir», escribió Campbell, «cómo vivir en medio de tales jardines y arboledas, ornamentados con hermosos senderos, casas de verano, alcobas, merenderos, fuentes, etcétera, que rodean su espléndida residencia, para ser disfrutados solo una hora o dos horas al día».

Pero, según el pastor, Duff tenía una excusa razonable. Cuarenta y dos años antes, su esposa —Maria Caroline Manners, una belleza legendaria— había muerto a los treinta años, apenas seis después de su matrimonio, sin dejarle hijos. La causa fue «la locura canina»; había sido «mordida por su propio perrito faldero rabioso». Difícilmente se le puede culpar al conde por no haberse recuperado nunca de la tragedia, ni por no volver a casarse.

La muerte de su esposa en 1805 conmocionó a Edimburgo, tanto por su singular origen como por su espantoso desenlace. Algún tiempo antes, cuatro perros de la familia Duff habían sufrido mordeduras de un congénere rabioso. Tres de ellos pertenecían al conde y fueron inmediatamente sacrificados. Pero la señora no pudo soportar perder a su propio caniche francés, un perrito llamado Pompeyo —una alusión, parecería, premonitoria al desastre—. La criatura fue indultada, y aquel gesto compasivo se reveló trágico.

Meses más tarde, los síntomas fatales comenzaron a manifestarse primero en Pompeyo y después en su dueña. Se rumoreó que, para poner fin a sus espasmos insoportables, fue necesario sofocarla, aunque sus médicos lo negaron después. Reconocida por todos como una belleza deslumbrante, Maria Caroline fue inmortalizada en un grabado popular que circuló durante décadas, donde aparecía erguida sobre la cresta de un globo, sosteniendo una banda en alto y rodeada de querubines, como si —en palabras de un admirador años después— ascendiera a «otro mundo mejor».

Ilustración de *Harper's Weekly* (1879) que captura un sombrío deber policial en el siglo XIX, eliminar a un perro rabioso en una calle de Nueva York para proteger la salud pública. La rabia generaba pánico ante la falta de un tratamiento.

El modo preciso de transmisión permanece en disputa hasta el día de hoy. La opinión general era que Pompeyo la había mordisqueado en la punta de la nariz. Un cómico de Edimburgo, Charles Kirkpatrick Sharpe, bromeó que «ninguna nariz había sido tan comentada desde los días del Don Diego de Tristram» y continuó describiendo el alboroto general de la ciudad:

> No quedó ni un grano de colorete en una sola mejilla en Edimburgo de tanto llorar; ni una sola lengua femenina dejó de hablar de la catástrofe durante una semana. «¡Oh, era una criatura tan dulce!». Había comprado un cargamento entero de medias de seda el día antes de caer enferma, y esperaba nuevas libreas para sus lacayos en cualquier momento. De hecho, no tenía ni un solo defecto. Iba a asistir a un baile la misma noche que murió.

Finalmente, hubo consenso de que el caniche era inocente de una mordedura y que solo sus lamidos amistosos habían propagado la temida enfermedad. Un artículo de 1830 en *The Lancet* expuso esta teoría particular en detalle. «Tenía una pequeña pústula en la barbilla, de la cual había arrancado la parte exterior», escribió William Lawrence, uno de los fundadores de la revista; «y al permitir que el perro se entregara a sus caricias habituales, lamió esa herida, cuya superficie estaba expuesta». Informes posteriores (tal vez siguiendo a Lawrence) también citaron específicamente una pústula como la entrada de la infección.

Cierto o falso, esta invocación del acné indecoroso en el rostro de la bella señora Duff también concordaba con la desaprobación general, entre los médicos del siglo XIX, del íntimo trato canino al que conducía tener perros falderos. El acto de permitir que un chucho lamiera un rostro humano era, para sus mentes, el colmo de la falta de limpieza. «No solo una práctica sumamente repugnante, sino peligrosa», declaró solemnemente un autor médico, al discutir el caso Duff; otro la calificó de «degradante» y «reprensible» y llegó tan lejos como para decir: «Condeno inequívocamente un apego indiscriminado a caricias imprudentes de los perros».

En su desdén, estos hombres de ciencia respondían a un genuino cambio radical en la forma en que las mascotas, y en particular los perros, eran consideradas en los recintos industrializados de Europa y Estados Unidos. Con el ascenso de una clase media, ya no atada a las granjas y su enfoque necesariamente utilitario hacia los animales, la mascota atesorada y mimada ya no figuraba meramente como un lujo de las clases altas. En el París de la década de 1840, cuya población humana rozaba el millón, se creía que había unos 100 000 perros mascota. El siglo xix vio el ascenso de las exposiciones caninas —con más de trescientas celebradas cada año en Inglaterra al final del siglo— y la «afición canina» en general, una práctica que podía ser adoptada incluso por aquellos de medios modestos. Cada vez más ciudadanos durante el curso de este siglo se inclinaron a estar de acuerdo con el epitafio de lord Byron para su querido terranova, Boatswain: «Para marcar los restos de un amigo se alzan estas piedras; nunca conocí más que uno, y aquí yace». Boatswain murió de rabia en 1808, momento en que Byron lo hizo enterrar en los terrenos de la abadía de Newstead, la casa ancestral de la familia; tres años después, Byron especificó en su testamento que fuera enterrado al lado de Boatswain, aunque esta instrucción fue posteriormente anulada.

Esta transformación en la tenencia de mascotas estaba teniendo lugar al mismo tiempo que los europeos, con el aumento de la alfabetización y la explosión de la prensa, comenzaron a aprender más sobre la vida en sus colonias en constante expansión. Tal vez inevitablemente, la distinción entre la mascota familiar domesticada y el animal salvaje ingobernable llegó a ser vista como análoga a la que existía entre razas civilizadas y salvajes. Cuando Charles Darwin, en su tratado de 1868 sobre la domesticación, observó la tendencia de los animales mestizos a revertir a una naturaleza salvaje, comparó esto con «el estado degradado y la disposición salvaje de las razas cruzadas del hombre» y citó con aprobación una valoración hecha al famoso doctor Livingstone por un nativo del Zambeze en África: «Dios hizo a los hombres blancos, y Dios hizo a los hombres negros, pero el diablo hizo a los mestizos». Con los animales como con el hombre, la domesticación y la cría dirigida se consideraban como otorgadoras de una aptitud moral así como física.

Al introducirse en la paz del hogar, la rabia se mostró como una fuerza que trastornaba el orden establecido. Como tal, se convirtió en objeto de pánico desproporcionado a lo largo del siglo xix. Los informes de supuestos perros rabiosos salpicaron los periódicos. Las historias de fallecimientos hidrófobicos reales recibieron columnas completas henchidas de floridos detalles. Se formaron consejos vecinales para combatir el azote de los perros ferales, incluso mientras la tuberculosis y el cólera causaban estragos mucho mayores y más letales en esas mismas calles. Como ha señalado la historiadora Harriet Ritvo, una persona de esa época —en Inglaterra, al menos— tenía diez veces más probabilidades de morir incluso por asesinato que por rabia. Pero una muerte a manos del hombre parecía mucho menos horrible de contemplar que una sufrida por las fauces del diablo.

*　　*　　*

Agravaba el terror el hecho de que la ciencia entendía la rabia poco mejor al comienzo del siglo XIX de lo que la había entendido al final del siglo II d. C. El viejo y querido Sorano de Éfeso, tal como nos lo transmitió Celio Aureliano, tenía una perspectiva más sensata sobre las causas y la naturaleza de la hidrofobia que muchos médicos de 1800. Cuando Benjamin Rush, uno de los doctores y autores médicos más estimados de Estados Unidos en tiempos revolucionarios, publicó sus reflexiones sobre la enfermedad cerca del cambio de siglo, comenzó con una lista de veintiuna supuestas causas de la hidrofobia, y la mordedura de un animal rabioso ocupaba, afortunadamente, el primer lugar. Pero el resto de la lista incluía «aire frío nocturno», «comer nueces de haya», «una caída» y «una asociación involuntaria de ideas». Diecisiete siglos después de que Sorano y Suśruta habían logrado cada uno diferenciar en gran medida la rabia de otras dolencias —no completamente, desde luego, y no exactamente con rigor, pero sí de manera juiciosa—, la medicina una vez más tenía dificultades para hacerlo.

Aunque era colono, Rush distaba mucho de ser un paleto según los estándares médicos europeos. Para mejorar su formación se atrevió realizar un viaje oceánico a Edimburgo, cuya universidad albergaba una de las mejores escuelas de medicina de finales del siglo XVIII. Allí se empapó de las enseñanzas de las mentes europeas más destacadas de la época, en particular Herman Boerhaave, el venerado teórico holandés que había muerto en 1738 pero seguía siendo la figura imponente en

Benjamin Rush (1746-1813) fue un médico estadounidense reconocido como uno de los padres fundadores de la medicina y la psiquiatría en su país. Firmante de la Declaración de Independencia (1776), ejerció como profesor de medicina en la Universidad de Pensilvania y destacó como pionero en el tratamiento de enfermedades mentales, lo que le valió el título de «padre de la psiquiatría americana». Durante la epidemia de fiebre amarilla que azotó Filadelfia en 1793 aplicó controvertidas terapias de «depleción», basadas en sangrías y purgas, que despertaron tanto admiración como duras críticas. Defendió teorías médicas innovadoras para su tiempo, aunque algunas —como su confianza en la sangría— fueron posteriormente cuestionadas. Más allá de su labor médica, promovió la educación pública, la abolición de la esclavitud y reformas en el sistema penitenciario. Su legado perdura en instituciones como el Dickinson College y la Facultad de Médicos de Filadelfia, de la que fue cofundador [University Archives, University of Pennsylvania].

la instrucción médica en toda Europa. El catedrático de la escuela de medicina de Edimburgo era William Cullen, un médico y pensador de renombre mundial por derecho propio, aunque sus opiniones divergían solo ligeramente de las de Boerhaave —en aquellas ocasiones en que divergían, recordaba después Cullen, era inmediatamente denunciado como «un innovador caprichoso» cuya apostasía «me dañaría a mí y también a la Universidad»—. Todavía influidos por Newton y su revolución en la física, estos médicos del siglo XVIII veían el cuerpo de manera mecanicista, como una especie de artefacto hidráulico de sólidos que interactuaban con fluidos, o «humores». En su opinión, las enfermedades a menudo eran corrupciones de estos humores, que podían volverse excesivamente ácidos o alcalinos. Al asignar causas, la teoría miraba desproporcionadamente a la dieta, razonando que así como la comida podía sufrir transformaciones insalubres fuera del cuerpo, por deterioro y demás, también podía efectuar corrupción en el interior.

De noviembre a mayo, Rush absorbió estas teorías seis días a la semana, prácticamente sin tiempo libre que mencionar. El día típico implicaba estudiar toda la mañana, luego clases y rondas hospitalarias por la tarde, seguido de aún más lectura hasta medianoche. Edimburgo también instruyó a Rush en el método experimental. Su profesor de química, Joseph Black, había aprovechado la ocasión de su propia tesis doctoral para demostrar la existencia del dióxido de carbono —o «*fixed air*», como lo llamaba—, un resultado que abrió la puerta al descubrimiento del oxígeno. En comparación, la propia tesis de Rush, una investigación sobre la acidez del estómago durante la digestión, fue bastante menos impresionante tanto en metodología como en resultados. «Habiendo cenado carne de vacuno, guisantes y pan», escribió, «vomité, unas tres horas después, el contenido de mi estómago, por medio de un grano de tártaro emético, y encontré que no solo eran ácidos al gusto, sino que además proporcionaban un color rojo, al mezclarse con el jarabe de violetas: ¡una marca invariable esta, de acidez, entre los químicos!».

Cuando Rush regresó a América, fue nombrado profesor de química por el College of Philadelphia. Esto lo convirtió, a los veintitrés años, en el primer profesor de química en lo que pronto se convertiría en Estados Unidos. Firme partidario de unos Estados Unidos de América libres, Rush tuvo la oportunidad, como miembro de la delegación congresional de Pensilvania de 1776, de firmar la Declaración de Independencia, y durante esa época tumultuosa cada vez más casó la política con su profesión. Después del Tea Act[23], Rush aprovechó su autoridad como destacado médico para condenar el té, por tener «efectos perniciosos sobre el sistema nervioso», y cuando se avecinaba la Revolución, aplicó también su química, escribiendo tres ensayos sobre cómo hacer salitre —el ingrediente crucial en la pólvora— a partir de tallos de tabaco secos; el Congreso distribuyó después estos ensayos como un panfleto, con una introducción de Ben Franklin. Durante el Segundo Congreso Continental, Rush inoculó a Patrick Henry contra la viruela, y en Trenton, después del famoso cruce del Delaware de George Washington, estuvo presente para realizar medicina en el campo de batalla.[24]

Rush creía que la rabia era, en esencia, un «estado maligno de fiebre». En esta opinión seguía una tradición, que comenzaba al menos con Boerhaave, según la cual la fiebre podía ser la causa inmediata —aunque no siempre la raíz— de la hidrofobia. Boerhaave atribuía esta fiebre a la «inflamación», un concepto general en su teoría mecanicista. Cullen, siguiendo esta noción, desarrolló la idea de que tales fiebres eran causadas por «sobreestimulación» debido al exceso de sangre. La prescripción natural, por tanto, era la sangría, que es precisamente lo que Rush recomienda para quien sufre de rabia. La principal evidencia de Rush de que la hidrofobia era una «fiebre inflamatoria» eran sus observaciones de la sangre, que, al extraerla, exhibía tanto «consistencia» —un término de entonces para la viscosidad— como amarillez en su suero.

---

23 *Nota del editor.* El Tea Act (Ley del Té) fue una ley aprobada por el Parlamento británico en 1773 que concedía a la Compañía Británica de las Indias Orientales el monopolio de la venta de té en las colonias norteamericanas, permitiéndole exportarlo directamente sin pagar aranceles intermedios. Aunque en teoría abarataba el producto, los colonos lo interpretaron como un intento de imponer un nuevo impuesto encubierto y de afianzar el control imperial. La oposición desembocó en episodios de resistencia, el más célebre de los cuales fue el Boston Tea Party (Motín del té de Boston), cuando un grupo de colonos arrojó cargamentos enteros de té al puerto de Boston en diciembre de 1773.

24 Más tarde, después de una larga disputa con William Shippen, el principal médico del ejército, Rush se volvió contra el liderazgo de Washington en el ejército; cuando expresó estos sentimientos a Patrick Henry, entonces gobernador de Virginia, el nombre de Rush quedó vinculado con la llamada Conjura de Conway, que pretendía reemplazar a Washington con otro general, Horatio Gates. La reputación de Rush como patriota ha sufrido injustamente como resultado.

Recuerda que la sangre «tenía una consistencia extraordinaria en un niño del señor George Oakley a quien vi, y sangré por primera vez, el cuarto día de su enfermedad, a principios del año 1797. Su pulso transmitía a los dedos el mismo tipo de golpe rápido y tenso que es común en una fiebre inflamatoria aguda».

Uno de los estudiantes de medicina de Rush, James Mease, sostenía una opinión algo más exacta, que la hidrofobia era una enfermedad del sistema nervioso. Esta opinión aparentemente había sido respaldada por Rush antes de que el maestro más tarde contradijera a su pupilo. Mease había expuesto esta teoría en su tesis doctoral de 1792 sobre la enfermedad, que había dedicado a Rush y para la cual Rush incluso había proporcionado un prefacio[25]. En 1801, mortificado al ver que su antiguo profesor había publicado ahora una opinión contraria, Mease escribió una segunda separata sobre la rabia, explícitamente dirigido a Rush. Punto por punto se propuso refutar a su antiguo mentor. El tono dolido de Mease al hacerlo —comenzando con su nota preliminar al propio Rush, diciéndole al gran médico que había regresado equivocadamente a principios «previamente destruidos por usted mismo»— era comprensible dada la conexión personal entre ambos hombres. Amigo de la familia, Rush había conocido al joven Mease desde la infancia y personalmente lo había tratado durante varias enfermedades graves de la niñez. «Una de las primeras cosas que puedo recordar», contaba después Mease, era que Rush lo «llamaba "su muchacho", y solía decir frecuentemente que yo sería su aprendiz». Esta última predicción, que Mease aseguraba era «probablemente en broma», finalmente se realizó cuando Mease se matriculó para la formación médica en el College of Philadelphia.

En muchos aspectos, la interpretación de Mease sobre la rabia no es mucho más certera que la de Rush. Afirma que la enfermedad puede generarse espontáneamente en perros, una teoría extendida —como discutiremos más adelante en este capítulo— que atrasó seriamente los intentos de contener y controlar la patología. Y según estándares con-

---

25 El prefacio, dicho sea de paso, suena sospechosamente a cumplido de compromiso. «No puedo consentir la publicación de su ingeniosa disertación», comienza, «sin pedirle que me permita espacio suficiente en el prefacio, para expresar el gran placer que tuve al leerla. Será consultada en el futuro como un repositorio de hechos y opiniones sobre la enfermedad de la cual trata».

temporáneos, su tratamiento preferido para la hidrofobia —estramonio en polvo— es tan disparatado como la sangría. Pero Mease sí establece una comparación muy perspicaz en la que no habían pensado los autores médicos hasta entonces. Notando la irregularidad del inicio de la hidrofobia —el hecho de que el tiempo entre la mordedura y los síntomas pueda ir de semanas a meses—, Mease reparó en que otra enfermedad que involucraba heridas punzantes se comportaba de manera similarmente extraña, a saber, el tétanos, o trismo. Por lo que sabemos hoy, ambas son diferentes en muchos aspectos cruciales, la rabia es un virus, que viaja por las vainas nerviosas, mientras que el tétanos es una bacteria, con su toxina, más que la bacteria misma, viajando por esos nervios. Pero la rabia y el tétanos están entre los pocos patógenos cuyos efectos malignos se propagan gracias al sistema nervioso en lugar del torrente sanguíneo, creando el extraño fenómeno de una enfermedad cuyos síntomas aparecen según distancia de la herida a la cabeza.

Dejando a un lado estos destellos de perspicacia menores, todos estos milenios de teorización médica sobre la rabia habían producido poco conocimiento útil. La razón, por supuesto, es que la medicina aún no había abrazado la percepción más crucial de todas, la mera existencia de virus y bacterias, agentes de enfermedad invisibles al ojo desnudo. En la época de Rush y Mease, la ciencia no poseía ni la óptica compleja ni la sabiduría práctica requeridas para dar este salto. Menos de un siglo después, diecisiete siglos de estasis en nuestro entendi-

Furious Rabies : Late Stage.

miento sobre la rabia serían obliterados, en gran medida, por los esfuerzos tenaces y el genio notable de un solo hombre.

Durante un brote de rabia particularmente dañino en Inglaterra, el *Liverpool Daily Post* publicó la letra de una canción cómica, *Los dos espectáculos caninos*, que capturó perfectamente la marcada dicotomía en el universo canino, entre lo doméstico cada vez más querido y lo salvaje cada vez más aterrador:

> Todo Londres estos días, como usted ya bien sabrá, / se abarrotó en Islington al Gran Espectáculo Can. / Mas Liverpool lo eclipsaba, pues allí se celebraba / otro *show* muy diferente que por semanas duraba. / «Abierto todos los días», en calles y callejones / con perros martirizados y sin sesos ni razones.[26]

Hasta entonces, el siglo xix había sido el mejor —y también el peor— de todos los tiempos para los perros en Occidente. Los más afortunados dormían al pie de la cama; otros, en cambio, sufrían un destino mucho más amargo, perseguidos y abatidos por humanos presa del pánico. En Francia —cuyo prestigio como patria del mimo a las mascotas estaba bien cimentado; no en vano un tratado canino de la época se abría con la frase «*Le chien est une machine à aimer*» (El perro es una máquina de amar)—, el miedo a la rabia desencadenó auténticas «grandes masacres caninas», también llamadas «canicidios». En París, solo en 1879 se registraron 9479 víctimas. En Inglaterra, el método favorito para eliminarlos era mucho más brutal: golpearlos hasta la muerte con garrotes. Neil Pemberton y Michael Worboys, historiadores de la Universidad de Manchester especializados en la rabia en Gran Bretaña, señalan que, desde la óptica de los amantes de los perros, el terror a la enfermedad había «convertido a la gente común en verdaderos asesinos».

Con la medicina ofreciendo pocas certezas, los observadores se veían forzados a elaborar sus propias teorías sobre qué perros eran —y cuáles

---

26 *Nota del editor.* Hemos optado por realizar una traducción más libre que mantenga cierto ritmo. La versión original es: *All London for the past few days, as you, of course, well know, Has crowded Islington to see the Great Dog Show; / Which has been totally eclipsed by Liverpool: we find / They've had a dog show there for weeks of quite another kind, One which is "open every day" in all the streets and lanes; / And which consist of tortured dogs, and dogs without their brains.*

no— dignos de confianza. Para algunos, la domesticación misma era el verdadero enemigo. Se repetía, con insistencia pero sin fundamento, que «Constantinopla y África están libres de rabia», mientras llegaban desde la India informes que describían la enfermedad propagándose sin control entre perros salvajes y chacales. Otros sostenían que, en realidad, los animales mejor cuidados eran los más peligrosos; que demasiada ociosidad, combinada con la sobrealimentación, los predisponía a enfermar; que la endogamia de los perros de pura raza «agotaba» su «sistema nervioso» y los volvía vulnerables. Como observó un corresponsal en las páginas de lo que quizá sea la revista con el mejor título de la historia, los *Annals of Sporting and Fancy Gazette*: «La hidrofobia hace su aparición [...] en perros que existen en un estado de confinamiento, que se mantienen en pueblos y hacen poco ejercicio». Y mientras tanto, distintas voces señalaban a distintas razas como las más proclives: los retrievers, según unos; los sabuesos, según otros.

Lo más común, por supuesto, era culpar a los perros de las clases bajas. Esta era, en gran medida, la postura de los defensores del bienestar animal, convencidos de que los perros maltratados —los que tiraban de carretillas, todavía una práctica sorprendentemente habitual, o los utilizados en peleas— eran los más proclives a enfermar. Sin embargo,

Un perro rabioso alborota una calle londinense.
Grabado coloreado por T.L. Busby, 1826.

para la mayoría resultaba evidente que la degradación de esos animales no era más que un reflejo de la degradación de sus dueños. Un corresponsal del *London Times* describía así a los perros callejeros: «Infestan nuestras calles a placer, creando ruido, suciedad y molestia general; y esto no es todo, el peculiar intercurso sexual de la especie los hace muy peligrosos. He visto a toda una jauría de perros callejeros tan fuertemente excitados que rozaban la locura; tan furiosos, de hecho, que cambiaban su propia naturaleza». Otro colaborador del mismo periódico añadía: «Si estos perros sin raza, que superan al menos doscientos por cada uno de buena casta, fueran destruidos, habría poco temor a la hidrofobia».

En la década de 1850, Francia instauró un impuesto canino con el propósito declarado de disuadir a los pobres de tener perros. Gran Bretaña adoptó una medida similar, pero lo aplicó únicamente a los animales mayores de seis meses. El resultado fue contraproducente, muchas familias adquirían cachorros encantadores que, al llegar a cierta edad, eran abandonados en la calle, donde crecían como perros asilvestrados.

Al final, ningún perro parecía digno de confianza. Algunos expertos llegaron incluso a advertir que las muestras inusitadas de afecto podían ser el primer signo de la rabia. George Fleming, veterinario británico cuyo tratado de 1872 sobre la hidrofobia fue probablemente el estudio más completo en inglés antes de Pasteur, prevenía contra el «beso de Judas» de la mascota rabiosa:

> Su instinto la impulsa, a veces, a acercarse a su amo, como pidiendo alivio de sus sufrimientos; y, si se le permite, ofrece de buen grado una muestra de gratitud lamiendo las manos o la cara. Pero son caricias pérfidas, contra las cuales todos deberían estar advertidos.

El médico francés G. E. Fredet llevó esa idea aún más lejos. A su juicio, este comportamiento en las primeras fases de la enfermedad no era ocasional ni limitado al vínculo con el dueño. Sostenía que esos perros «invariablemente expresan un apego y devoción exagerados hacia todos los que se les acercan». En otras palabras, incluso el perro más amistoso, ya fuera un callejero o el de un conocido, podía de repente morder —o lamer—, lo que equivalía a una sentencia de muerte.

＊　＊　＊

Dada esta naturaleza dual del perro, no cuesta imaginar por qué la literatura gótica, cuando quería invocar una atmósfera sombría, recurriera con frecuencia a la imagen de jaurías callejeras gruñendo en la penumbra. Pocas novelas explotan este recurso con tanta insistencia —y eficacia— como *Cumbres borrascosas* de Emily Brontë. Ya en las primeras páginas, cuando el inquilino Lockwood acude a visitar a su hosco casero, Heathcliff, la hostilidad de la casa se refleja en la de sus perros. La perra madre, una pointer color hígado, «estalló en furia y saltó sobre mis rodillas», y pronto, junto a media docena de otros «demonios de cuatro patas, de varios tamaños», obliga al visitante a defenderse con un atizador. Más tarde, atrapado por la ventisca e intentando escapar con una linterna prestada, Lockwood se topa de nuevo con los colmillos; a la orden de un criado, «dos monstruos peludos se abalanzaron a mi garganta, derribándome y apagando la luz».

La amenaza de los perros se repite a lo largo de la novela. Un ataque similar, de hecho, ocupa un lugar central en la historia de Heathcliff y su amor perdido, Catherine Earnshaw. Aunque inseparables en la infancia, el destino de Catherine da un vuelco cuando Skulker, el bulldog de los ricos Linton, la ataca brutalmente a las puertas de su casa. Heathcliff trata de liberarla haciendo palanca en las mandíbulas del animal con una piedra, pero la bestia se aferra con furia: «su enorme lengua púrpura colgaba medio pie fuera de su boca, y sus labios flácidos goteaban baba sanguinolenta». Malherida en las fauces del perro, Catherine es acogida por los Linton y permanece con ellos cinco semanas, tiempo suficiente para absorber en parte sus valores de clase y estrechar un vínculo con Edgar, que se convertirá en rival de Heathcliff.

Y en los últimos días de Catherine, mientras agoniza tras un parto que acabará con su vida, la imaginería canina regresa, ahora encarnada en la figura de Heathcliff, cuya desesperación roza la locura. La sirvienta Nelly relata así la escena:

> Un instante estuvieron separados; luego Catalina se precipitó hacia él, y él la abrazó de tal modo que temí que mi señora no saliera con vida de sus brazos. Cuando se separaron, ella cayó

como exánime sobre la silla, y Heathcliff se desplomó en otra. Me acerqué a ver si la señora se había desmayado, y él, rechinando los dientes, echando espuma por la boca, me separó con furor. Me pareció que no me hallaba en compañía de seres humanos. Traté de hablarle, pero no parecía entenderme, y acabé apartándome llena de turbación.

Emily Brontë conoció de primera mano las dos caras del perro decimonónico mientras crecía en la rectoría de su padre. Por un lado, estaba su bulldog Keeper, cuya costumbre de echar la siesta en las camas familiares del piso superior no era tolerada, pero sí recordada con ternura. Por otro, estaba el perro callejero, visiblemente en apuros —quizá sediento— al que la niña Emily ofreció agua un día. El animal estaba rabioso y la mordió. Sin perder tiempo, Emily corrió a la cocina, tomó una plancha que Tabby, la cocinera de la familia, mantenía al rojo y cauterizó su propia herida. No mencionó el incidente a nadie hasta mucho después, cuando el riesgo de infección ya había pasado.

Tras la muerte de Emily, Charlotte reutilizó el episodio en su novela *Shirley*. En este caso el mordisco no lo sufre una niña, sino en la orgullosa protagonista de la historia, Shirley Keeldar. Su ocultamiento, y el temor a una posible condena de muerte, se convierte en el resorte narrativo que la empuja a aceptar la propuesta matrimonial de Louis Moore, un preceptor sin fortuna. Ella confiesa a Louis lo ocurrido, convencida de que no vivirá mucho; pero él la tranquiliza con una confianza casi ingenua: «Dudo que la más mínima partícula de virus se haya mezclado con tu sangre; y si lo hizo, permíteme asegurarte que, joven, saludable, perfectamente sana como estás, no sobrevendrá ningún daño». Con ello, la coraza sentimental de Shirley se resquebraja. Charlotte llegó a decirle a Elizabeth Gaskell, su primera biógrafa, que Shirley era como Emily «habría sido, si hubiera estado situada en salud y prosperidad».[27]

---

27 Emily solo viviría hasta los treinta años, muriendo en diciembre de 1848 de lo que probablemente fue tuberculosis. Su hermana menor, Anne, murió seis meses después de la misma condición. Charlotte, la mayor, murió a los treinta y ocho. Pero como ha observado Ann Dinsdale, bibliotecaria del Museo de la Rectoría Brontë en Haworth: «La sorpresa no es que las Brontë murieran tan jóvenes sino que vivieran tanto tiempo». Un informe de salud de 1850 encontró que la expectativa de vida en

Ilustración del poema *An Elegy On The Death Of A Mad Dog* (*Elegía a la muerte de un perro rabioso*), escrito por Oliver Goldsmith hacia 1760 e ilustrado por Randolph Caldecott en 1879. Una sátira mordaz que trasciende la anécdota animal para criticar la hipocresía social. Sin embargo, su trasfondo refleja el miedo real a la rabia: «*The dog, to gain some private ends, / Went mad, and bit the man. / [...] / And while they swore the dog was mad, / They swore the man would die*».

De las cuatro novelas de Charlotte, dos recurren a la rabia como trama secundaria. En *Shirley*, como hemos visto, la enfermedad funciona como catalizador sentimental. En *The Professor*, en cambio, sirve para ejemplificar el deber viril y paterno. El narrador, William Crimsworth, recuerda la historia de su hijo y el mastín familiar, Yorke, mordido por un perro rabioso. Apenas se entera, Crimsworth dispara contra el animal y lo mata sin dudar, ignorando que su hijo presencia la escena con horror. El niño, destrozado, llora al perro durante semanas, incluso postrándose sobre su tumba. Como en *Old Yeller* o en *Matar a un ruiseñor* en el siglo XX, *The Professor* explota la rabia como un recurso narrativo para subrayar el coraje masculino, la noción de deber y la capacidad de control.

Con todo, es quizá la primera y más célebre novela de Charlotte, *Jane Eyre*, la que mejor captura la idea de enfermedad zoonótica. La infección animal convertida en metáfora de lo humano. Cuando Jane se convierte en institutriz y más tarde en prometida de Edward Rochester, su felicidad —y su propia vida— se ven amenazadas por la presencia en el desván de Bertha Rochester, la esposa enloquecida de Edward. Su hermano, Richard Mason, sufre en carne propia una herida de cuchillo seguida de una brutal mordedura. Más tarde, la propia Jane se topa con Bertha en su habitación, poco antes de casarse. Al día siguiente le relata a Edward la visión:

> —Era un rostro descolorido, era un rostro salvaje. ¡Ojalá pudiera olvidar esos ojos enrojecidos y la terrible hinchazón ennegrecida de sus rasgos! Los labios estaban hinchados y oscuros; la frente arrugada; las cejas negras ampliamente alzadas sobre los ojos inyectados de sangre. ¿Te digo a qué me recordó?
> —Puedes hacerlo.
> —Al espectro alemán inmundo, el Vampiro.

Aunque Bertha Rochester no es, como pronto descubre el lector, en absoluto un ser sobrenatural, *Jane Eyre* se inscribe de lleno en el

---

Haworth era de apenas veinticinco años. Los seis hermanos Brontë sobrevivieron un brote de escarlatina cuando niños, algo estadísticamente improbable; dos quintos de los niños de Haworth perecían antes de cumplir seis años.

género decimonónico de los relatos de monstruos; historias de humanos que no son del todo humanos, marcados —malditos, incluso— por un elemento animal o bestial. En su libro *Knowing Fear*, el estudioso del horror Jason Colavito rastrea el auge en el siglo xix de lo que denomina «horror biológico», poblado de malhechores que «encarnan en sí mismos la lucha de la humanidad por reimaginar su relación con el reino animal y el mundo natural». De esa tensión surge el monstruo, el hombre-no-hombre: «una criatura liminal y extraña, situada en algún punto entre lo humano y lo bestial».

* * *

Sería excesivo atribuir únicamente a la rabia el auge decimonónico de la tradición de monstruos. Sin embargo, la amenaza —exagerada— de la hidrofobia alimentó, y a la vez explotó, un mismo temor visceral; que cualquier hombre o mujer de respetable clase media o alta, refinado por encima de todo lo vil o animal, pudiera súbitamente, y sin culpa propia, ser poseído por un salvajismo insensato e infrahumano. Ese miedo quedó bien reflejado en una carta de 1830 al *London Times*, enviada desde Boodle's, el distinguido club de caballeros de St. James's Street, firmada con discreción como «Un Lector Constante». «¿Quién», preguntaba el caballero anónimo, en pleno brote de rabia de aquel año:

> hay entre nosotros —ya sea en el extremo este u oeste de la ciudad— que pueda salir de su casa por la mañana y decir que no podría regresar, en pocas horas, de vuelta en un estado que lo reduciría a la desesperación y al frenesí de un demonio, y del cual solo una muerte horrible podría librarlo?

La alusión a las clases sociales («en el extremo este u oeste»), en apariencia universal y democrática, tenía en realidad el efecto contrario, subrayar que la forma más aterradora de la hidrofobia era aquella que atacaba al hombre de posición acomodada. No es casual que los monstruos más capaces de provocar histeria en la época, reales o ficticios, surgieran con sus formas aterradoras de la sociedad más educada y acomodada. Era esencial que Drácula —como el vampiro byroniano de Polidori— fuera un aristócrata para que sus actos asesinos resultaran verdaderamente escalofriantes. El espanto del lector ante las acciones del señor Hyde de Robert Louis Stevenson —«con furia simiesca», por ejemplo, «pisoteando a su víctima y provocando una tormenta de golpes, bajo los cuales los huesos se quebraron audiblemente»— quedaba supeditado al horror de descubrir que se trataba, en efecto, del afable doctor Jekyll. Lo mismo ocurría con la leyenda, bien real, de Spring-Heeled Jack, un merodeador enmascarado al que muchos creían un noble, que atacó al menos a dos jóvenes en los suburbios de Londres en 1837 y que durante décadas persistió como el coco inglés, muy visto, pero jamás capturado. Tras soplar fuego al rostro de sus víctimas, las hería con garras y huía con saltos de proporciones sobrehumanas.

Que semejantes transformaciones monstruosas pudieran abatirse incluso sobre el caballero más refinado dejaba claro lo fácil que sería que también recayeran sobre cualquiera; como señaló el médico francés G. E. Fredet acerca de la rabia: «Dejando al paciente todas las facultades de su inteligencia intactas, se ve morir a sí mismo». Al otro lado del Atlántico, Edgar Allan Poe revolucionó el género de terror en parte gracias a su escalofriante uso de la narración en primera persona para describir justamente estos descensos a la locura infrahumana. Tanto en *El corazón delator* como en *El gato negro*, lo más inquietante de sus narradores asesinos no es la brutalidad de sus crímenes, sino el contraste entre esa brutalidad y su evidente lucidez intelectual, y la manera en que esa lucidez se desmorona de un modo demasiado verosímil para un lector culto. *El gato negro*, en particular, es un número de prestidigitación. Empieza como unas memorias personales sosegadas: «Desde mi infancia fui notado por la docilidad y humanidad de mi disposición», pero pronto se desliza en una espiral de atrocidades cada vez más hondas. Primero, el narrador mutila a su amado gato: «la furia de un demonio instantáneamente me poseyó» —bien podría haber dicho «frenesí»— mientras hundía el cuchillo en un ojo del animal que maullaba. Después, a medida que su locura se intensifica y su culpa por aquella fechoría crece, es arrastrado por «una ira más que demoníaca» a asesinar a su esposa con un hacha y emparedar el cadáver en el sótano. Una vez más, como Ovidio mostró en el destino de Acteón, nada resulta más aterrador que un testimonio en primera persona de la metamorfosis bestial que conduce a la violencia. Estos relatos advierten que nadie está a salvo de la locura, que todos albergamos en potencia el salvajismo que inspira.

Como sucedió, el propio Poe descendió a la locura en las horas previas a su muerte. El 3 de octubre de 1849 fue hallado inconsciente en las calles de Baltimore y trasladado al doctor John J. Moran, del Baltimore City and Marine Hospital. Aunque Poe era conocido por sus problemas con el alcohol, el conductor que lo recogió juró a Moran que no olía a bebida. Pronto, el autor comenzó a entablar —según describió más tarde Moran en una carta: «conversación vacía con objetos espectrales e imaginarios en las paredes»; «el rostro de Poe estaba pálido y toda su persona empapada en sudor». Durante su hospitalización, los testimonios coinciden, alternaba entre momentos de calma lúcida y episodios de «delirio violento, resistiendo los esfuerzos de dos enfermeras para mantenerlo en cama». Finalmente, cuatro días después de su ingreso, el gran autor expiró.

En 1996, por curiosidad, un médico del University of Maryland Medical Center en Baltimore decidió presentar el caso de la muerte de Poe —ocultando nombre y fecha— en las rondas patológicas semanales del hospital. Sin saber que el paciente era el propio Poe, un cardiólogo llamado R. Michael Benítez propuso que la causa más probable de su muerte había sido la rabia. Como señaló Benítez, el médico tratante no reportó signos de trauma ni mencionó la fiebre extrema que cabría esperar en casos de malaria o fiebre amarilla. Lo más extraño de todo era el ciclo de recaídas de Poe, alternando periodos de delirio con otros de plena lucidez. Las causas más evidentes, en particular el *delirium tremens* propio de un alcohólico, habrían seguido un curso progresivo e imparable, con un empeoramiento continuo de la condición del paciente.

Quienes sufren de rabia, en cambio, son propensos justamente a estas oscilaciones entre locura y lucidez. Es cierto que Moran nunca mencionó una mordedura de animal, pero Benítez recordaba que, de los treinta y tres casos de rabia humana documentados en Estados Unidos entre 1977 y 1994, solo nueve presentaban pruebas claras de exposición animal. Y el promedio de supervivencia de los pacientes con rabia neurológica es de cuatro días; exactamente el mismo lapso transcurrido entre el ingreso de Poe en el hospital y su muerte.

*   *   *

Hacia mediados del siglo, pocos médicos creían ya —como todavía lo hacía una figura del peso de Benjamin Rush en 1800— que los humanos podían contraer la rabia de manera espontánea, sin contagio alguno. En cambio, la mayoría de galenos y veterinarios seguían sosteniendo esa posibilidad en el caso de los perros. Para explicarlo, la opinión médica había cristalizado en torno a una bizarra teoría: que muchos, si no la mayoría, de los casos de rabia canina eran producto de una falta de satisfacción sexual. El auge de la tenencia de mascotas, en una época en la que la castración aún no era una práctica común, llevó a los observadores del siglo XIX a fijarse incómodamente en los impulsos sexuales insatisfechos de unos compañeros, en apariencia, de fiar. Los dueños de perros que, durante los paseos, debían contener el ímpetu de los machos por montar o lidiar con el frenesí periódico del celo de las hembras, podían perdonarse por pensar después que eran esas pasiones insatisfechas —y no la mordedura inadvertida de un callejero— las que habían llevado a sus animales a sucumbir a la locura canina.

Henry William Dewhurst, personaje ya de credenciales científicas dudosas —en la década de 1840 sería denunciado en revistas médicas como un charlatán incorregible—, defendió esta teoría en una conferencia poco seria de 1830 en la London Veterinary Medical Society. Para respaldar su tesis de que la rabia podía ser espontánea, relató dos casos —un terrier confinado por una anciana y un médico con un perro de caza— en los que los animales mostraron síntomas de rabia pero luego se recuperaron. En cuanto a su idea de que la falta de sexo era la culpable, se amparó en una vaga observación: «cuando el deseo sexual no puede satisfacerse, contrariando a la madre naturaleza, lo que surge es pura locura». Su único ejemplo fue el de un elefante mantenido en cautiverio, que tuvo que ser sacrificado por su «furia desenfrenada», aunque se cuidó de no precisar siquiera qué papel desempeñaba el sexo en la historia.

, La idea de Dewhurst, sin embargo, gozó de notable aceptación en la Inglaterra victoriana, y los franceses —quizá de manera previsible— coincidieron con ella. En su espléndido estudio sobre la tenencia de mascotas en el París decimonónico, *The Beast in the Boudoir*, la historiadora Kathleen Kete cita un texto de 1857, por lo general respetado, que atribuía la rabia en los perros exclusivamente a la frustración sexual. Sus autores, los doctores F. J. Bachelet y C. Froussart, lamentaban que los animales no contaran con el mismo recurso a la autosatisfacción que los humanos. Que esta teoría había arraigado también en Italia lo demuestra una propuesta de 1845, firmada por un monseñor Storti bajo el título *Proyecto para la prevención de la hidrofobia en el hombre*, en la que se detallaba la creación de lo que solo puede describirse como burdeles caninos obligatorios. Según este plan, cada perro macho sería conducido a un centro para que se gratificaran sus impulsos. Inmediatamente después sería castrado y luego vendido. Y finalmente —presumiblemente para evitar que esos mismos perros acabaran por desarrollar la rabia— todos los machos serían sacrificados dos años después de su venta.[28]

A diferencia de Bachelet y Froussart, la mayoría de los creyentes en la generación espontánea no veían la frustración sexual como la única causa. La deshidratación era otro culpable frecuentemente señalado, dado que los perros no sudan y regulan su temperatura a través del jadeo, los médicos de la época pensaban que una sed extrema en los días calurosos podía hacer que la sangre del animal se corrompiera hasta volverse venenosa. De manera similar, se sostenía que la rabia podía surgir de la exposición de los perros a sus propios excrementos, ya fuera por contacto o, peor aún, por su consumo.

Independientemente de la teoría defendida, la creencia en la generación espontánea de la rabia tuvo consecuencias funestas en la lucha de salud pública contra la hidrofobia. En 1830, cuando el Parlamento británico debatía un proyecto de ley para contener la enfermedad, escuchó el testimonio de dos veterinarios de renombre; uno convencido de la generación espontánea y el otro opuesto a ella. Naturalmente, sus posiciones llevaron a recomendaciones muy distintas. El primero

---

28 «Tenemos poco deseo de perturbar el sueño de un hombre benevolente», comentó la *Gazzetta Medica di Milano* sobre la publicación de su propuesta. «No podemos, sin embargo, evitar declarar que, mientras leíamos su plan, nos ocurrió una ligera dificultad. Supongamos que el establecimiento [está] en operación y floreciendo. Todos los perros han sido matados por sus amos, toda importación canina ha sido prohibida, y, por último, todos los recién nacidos en el serrallo han sido despiadadamente castrados. ¡Hasta aquí [tan] bien! ¿Pero qué perros quedan para frecuentar tales establecimientos? ¿Dónde se encontrarán nuevos reclutas?».

defendía que confinar a los perros aliviaría la epidemia, mientras que el segundo advertía que tendría el efecto contrario, generando nuevos casos al volverse los animales confinados «impregnados con un veneno animal de los pulmones, heces, orina y piel». Disputas similares se produjeron en torno al uso obligatorio de bozales, otra medida de contención eficaz. Mientras la ciencia de la rabia siguiera sin resolverse, no podía alcanzarse consenso legislativo. Y todavía en 1874, con la vacuna de Pasteur a apenas una década de distancia y la teoría germinal de la enfermedad ya difundida entre médicos, una encuesta realizada por M. J. Bourrel —antiguo veterinario jefe del ejército francés y «contagionista» acérrimo— revelaba que los partidarios de la generación espontánea superaban ampliamente en número a los de su bando.

Entretanto, el énfasis creciente en la dimensión sexual de la rabia en los perros coincidía con un interés cada vez mayor en los aspectos más lúgubres de la enfermedad en humanos. No fue hasta el siglo XIX que el priapismo, la satiriasis y, en las mujeres, la ninfomanía comenzaron a figurar sistemáticamente en las listas de síntomas de la hidrofobia. Estas menciones solían acompañarse de anécdotas de tercera mano, como la de algún hombre que, al modo del portero descrito por Galeno, se entregaba a un frenesí sexual en sus últimas horas. El relato más repetido era el de un paciente que eyaculó treinta veces en un solo día, una historia que se remonta al médico del siglo XVIII Albrecht von Haller. Con el tiempo, la anécdota se reinterpretó como una hazaña, como si aquel hombre moribundo hubiera cortejado a una pareja distinta en cada ocasión. En su tratado sobre la rabia, Bachelet y Froussart subrayaban que también las mujeres eran vulnerables a estas «depredaciones», asegurando que una forma femenina de satiriasis (*fureur utérine*) podía observarse en las autopsias de víctimas de rabia. Añadían incluso que la ninfomanía debía considerarse una condición afín, de curso casi idéntico al de la hidrofobia: «Mientras los síntomas se intensifican, una espuma burbujeante gotea de los labios, la respiración de la víctima se vuelve fétida y su sed, ardiente. A menudo estos síntomas están acompañados de un miedo intenso al agua […], rechinar de dientes, el deseo de morder, y la muerte no tarda en poner fin a estas horribles aflicciones».

La histeria en torno a la rabia parecía alcanzar así su apogeo histórico justo en el momento en que la medicina estaba a punto de hallar una cura.

Mofeta de cola grande (1846), por John Woodhouse Audubon. Litografía
coloreada a mano, originalmente publicada en *The Viviparous
Quadrupeds of North America* (1845-1848), una obra monumental
realizada en colaboración con su padre, John James Audubon.

*   *   *

En las vastas llanuras americanas, la rabia acechaba a los colonos del siglo XIX en formas inimaginables en Europa, aunque no menos diabólicas. Los tramperos canadienses llegaron a bautizar a la criatura ofensora con el dramático apodo de «*l'enfant du diable*» (el hijo del diablo), nombre apropiado dado su hedor nauseabundo y su siniestro pelaje negro. Los estadounidenses, más prosaicos, lo llamaban el «*'phoby cat*» (gato 'fóbico), usando una abreviatura de «hidrofobia». El villano en cuestión era la mofeta.

Entre los viajeros de las Llanuras estaba extendida la creencia de que las mordeduras de mofeta llevaban irremediablemente a la rabia. Nada menos que Theodore Roosevelt escribió que «no hay bestia salvaje en el Oeste, por grande o feroz que sea, tan temida por los viejos llaneros como esta bestiecilla aparentemente inofensiva». En la década de 1870, el coronel del ejército Richard Irving Dodge, al mando de un fuerte fronterizo, registró dieciséis mordeduras de mofeta, todas mortales; en otro fuerte, el cirujano cifró la letalidad en diez de once casos. La lección evidente no era que todas las mofetas portaran la enfermedad, sino que solo se acercaban a los humanos cuando estaban en los estertores dementes de la rabia.

Roosevelt recordaba en unas memorias un episodio cómico durante una cacería, cuando una mofeta hambrienta escarbó bajo la pared de su cabaña de troncos en busca de comida. A pesar del espacio cerrado, uno de los cazadores, Sandy —un «escocés enorme y despreocupado»—, disparó su revólver contra el animal, despertando con un estrépito a sus compañeros y sembrando la consternación. El tiro, afortunadamente, no alcanzó a nadie... aunque tampoco al bicho. Media hora más tarde la criatura volvió, y Roosevelt rememora que «la secuela probó que ni la mofeta ni Sandy habían aprendido nada del encuentro». Sandy disparó de nuevo, provocando que los cazadores, aún medio dormidos, saltaran de sus camastros y huyeran de la cabaña. Esta vez, sin embargo, dio en el blanco. «*A did na ken 't wad cause such a tragadee*» («No sabía que causaría tal tragedia»), habría dicho melancólicamente el escocés.

L'enfant du diable no era el único animal del Nuevo Mundo que transmitía rabia. Menos común, aunque posiblemente más temible, era

133

el lobo rabioso. El ataque más célebre en las Grandes Llanuras tuvo lugar en 1833, a orillas del río Green, en lo que hoy es Wyoming. Ese verano, varias partidas tramperos de la Rocky Mountain Fur Company celebraban uno de sus encuentros periódicos cuando, a mediados de julio, fueron aterrorizados por lo que un cronista describió como «uno de esos incidentes de la vida silvestre que hiela la sangre de horror». Un lobo delirante irrumpió en los campamentos, mordiendo a hombres y ganado. En un campamento se dijo que había mordido a doce hombres; en otro, a tres que dormían en sus tiendas, todos en la cara. No se sabe con certeza cuántos murieron, aunque los relatos de un indio que «poco después» comenzó a «rodar frenéticamente por la tierra, rechinando los dientes y echando espuma por la boca», o de un comerciante que se arrojó de su caballo «aullando como un lobo», suenan exagerados. Pero la mayoría de fuentes coinciden en que tanto hombres como animales enfermaron.

Otro lobo rabioso atacó el fuerte Larned, en Kansas, en 1868. Dodge dejó constancia del episodio en sus memorias, transcribiendo los registros del propio fuerte: «El 5 de agosto, a las 10 p. m.», se lee en el parte,

> un lobo rabioso, de la especie gris grande, entró en el puesto y corrió con gran furia. Penetró en el hospital y atacó al cabo, que yacía enfermo en la cama, mordiéndolo gravemente en la mano izquierda y en el brazo derecho. El dedo meñique casi fue arrancado. Luego se lanzó contra un grupo de damas y caballeros sentados en el porche del coronel, mordiendo al teniente en ambas piernas. Poco después atacó a otro soldado, al que hirió en dos sitios. Todo esto ocurrió en un lapso increíblemente breve; y aunque los mencionados fueron los únicos mordidos, el animal dejó huellas de su paso en cada rincón de la guarnición. Se movía con rapidez, chasqueando los dientes a todo lo que encontraba, desgarrando tiendas, cortinas y ropas de cama. El centinela de guardia disparó mientras el animal pasaba entre sus piernas. Finalmente cargó contra un centinela en el pajar y cayó abatido por un tiro afortunado.

Frederick Benteen, quien después sería célebre —y, para algunos, infame— por desobedecer a Custer en Little Big Horn, estaba destinado en Larned durante el ataque. Años más tarde recordaba que todos los soldados mordidos murieron de hidrofobia, salvo uno, un tal Thompson, «que se salvó porque el lobo mordió a través de pantalones, calzoncillos y calcetines, deshaciendo así todo el virus en la ropa». «Asustó bien a Thompson; como solemos decir en caballería, ¡para mear y no echar gota!», escribió Benteen a un corresponsal en 1896.

En la frontera, las curas contra la rabia eran una mezcla de medicina y remedios populares. La cauterización y el sangrado —herramientas brutales pero de cierta eficacia— eran de uso común, aunque también se empleaban tratamientos más dudosos, como el nitrato de plata. Una cura novedosa, recomendada por un comentarista occidental, consistía en administrar dosis crecientes del veneno mortal estricnina.

Había además gran interés en las curas empleadas por los nativos americanos. El antropólogo George Bird Grinnell, que convivió con los pies negros, describió un tratamiento en el que el enfermo era «sudado» hasta expulsar la enfermedad: lo ataban de pies y manos, lo envolvían en una piel de búfalo y encendían fuego alrededor y encima de él. Según los parientes, «tanta agua [salía] de su cuerpo que ninguna quedaba en él, y con el agua la enfermedad se marchaba». Dodge, por su parte, afirmaba —de manera extravagante— que las mordeduras de mofeta, fatales para los colonos blancos, no afectaban a los nativos, mientras que en el caso de las mordeduras de lobo la situación se invertía: «Incluso el más ligero rasguño de un lobo rabioso lleva al indio a una muerte segura por hidrofobia. No intentan tratamiento alguno, sino que filosóficamente comienzan a prepararse para la muerte inminente». De una cura nativa particularmente prometedora queda constancia, pero no detalles. En 1827, el Departamento de Guerra pidió a sus agentes en territorio indio que investigaran posibles remedios contra la hidrofobia. Thomas McKenney, de la Oficina de Asuntos Indios, recibió un informe que describía una planta medicinal que, según los nativos, curaba la rabia. No está claro si el gobierno probó su eficacia, pero el interés era serio. Cuando McKenney remitió la correspondencia a la revista *American Farmer*, envió también un paquete de semillas «con la intención de que se distribuyeran, para la preservación y multiplicación de la planta».

El interés en estos remedios partía de la suposición de que indígenas vivían en un estado próximo al animal: se pensaba que la enfermedad del lobo debía ser mejor comprendida por quienes, en cierto modo, eran lobos ellos mismos. Esta identificación de los nativos americanos con el lobo se remontaba a los primeros peregrinos, que ya traían consigo creencias supersticiosas sobre el lobo como un depredador malvado, casi sobrenatural. Como explica Jon T. Coleman, historiador de Notre Dame, en su libro *Vicious*, «desde la perspectiva de los colonos, los indios cantaban, hablaban, rezaban, luchaban y viajaban como lobos». En 1642, el gobernador de Massachusetts, John Winthrop, describió las tierras recién pobladas como infestadas de «bestias salvajes y hombres como bestias». Más tarde, un clérigo del siglo XVIII en Northampton, Massachusetts, al denunciar la guerra de guerrillas de los nativos, sentenció que «actúan como lobos y deben ser tratados como lobos». Cabe señalar que muchos pueblos nativos cultivaban también esta asociación. Los Skidi Pawnee, por ejemplo, vestían capas de piel de lobo y eran conocidos como las Gentes Lobo; individuos de distintas tribus adoptaban nombres que reclamaban parentesco con el animal.

Tanto el lobo como el nativo americano fueron víctimas, durante siglos, de una política brutal de exterminio. Sin embargo, en la frontera la actitud hacia ambos pareció suavizarse con el tiempo; del odio y el miedo absolutos a una suerte de condescendencia colonial. Más representativa fue la visión de Francis Parkman en su libro de 1849 sobre el Oregon Trail: «No había el más mínimo peligro en ellos, pues son los mayores cobardes de la pradera».

* * *

En los últimos años del siglo XIX, las armas clave para derrotar a la rabia estaban forjándose, en realidad, en el estudio de otra enfermedad; la única, por entonces, que se sabía con certeza que podía transmitirse de animales a humanos. El carbunco era un blanco ideal para los primeros adeptos de la teoría germinal, pues se trataba de una bacteria formadora de esporas —no de un virus— y, como tal, era anormalmente grande para ser un patógeno. Además, a diferencia de muchos de sus congéneres microbianos, se encontraba en abundancia en la sangre de los pacientes en fase terminal.

El aislamiento del bacilo del carbunco fue obra del joven médico alemán Robert Koch, que aún no había cumplido los treinta cuando, siendo apenas un facultativo rural, obtuvo un puesto como funcionario médico en la ciudad de Wollstein y comenzó allí sus investigaciones pioneras. Ahorrando hasta el último *pfennig* —renunció incluso a comprar el carruaje que necesitaba para sus visitas a domicilio—, Koch logró adquirir un microscopio, uno fabricado por Edmund Hartnack en Potsdam, posiblemente el mejor de su tiempo. Inició sus estudios sobre el carbunco en 1873 y, para la Navidad de 1875, no solo había identificado con certeza el microbio responsable, sino que también había rastreado todo su ciclo de vida en un conejo. Más importante aún, aprendió a cultivarlo artificialmente, utilizando el humor acuoso del ojo del animal como medio estéril. El artículo resultante —«La etiología del carbunco basada en la historia natural del *Bacillus anthracis*», publicado en 1876, cuando Koch tenía apenas treinta y dos años— contribuyó tanto a fundar la microbiología como a consagrar a su autor entre sus principales practicantes.

El otro titán de la microbiología era veinte años mayor y trabajaba a quinientos kilómetros al oeste, en París. Mientras que el placer intelectual de Koch residía en el descubrimiento puro, Louis Pasteur estaba obsesionado con las aplicaciones prácticas. Tras desarrollar un procedimiento para eliminar microbios nocivos de la leche y la cerveza (la pasteurización, que aún lleva su nombre), había volcado sus energías en la inoculación. En 1876 ya había creado una vacuna para una enfermedad aviar y, tras leer el artículo de Koch, dirigió su atención al carbunco. Con su exitosa vacuna contra el ántrax perfeccionó el método de la atenuación —el debilitamiento de patógenos vivos—, que pronto aplicaría al problema, aparentemente aún más insoluble, de la rabia. Habían pasado cuatro mil años desde que las Leyes de Eshnunna advirtieran contra el perro rabioso; y, sin embargo, en apenas cinco años, entre 1880 y 1885, tanto nuestra ignorancia como nuestro terror hacia la enfermedad darían un vuelco gracias al trabajo de un laboratorio en la rue d'Ulm.

Retrato de Charles Chappuis, amigo de Pasteur. Litografía ejecutada
por Louis Pasteur: «Retrato de mi camarada de filosofía, Ch. Chappuis.
Hecho en Besançon en 1841» [Institut Pasteur/Musée Pasteur].

V. EL REY LOUIS

Nació en 1822, hijo de un curtidor —un veterano de las guerras napoleónicas, amargamente nostálgico, que cada domingo se colocaba la cinta de la Legión de Honor en la solapa de su impecable levita antes de emprender su paseo campestre— y de una madre imaginativa, entusiasta, procedente de una extensa familia de jardineros. La pequeña y acogedora casa, situada encima de la tenería, en Arbois, estaba impregnada del hedor acre a lanolina; aun así, la rústica infancia de Louis Pasteur fue feliz. Le gustaban la pesca, el trineo y la compañía de sus tres hermanas. Era un alumno aplicado, aunque sin un brillo especial, distinguido sobre todo por su destreza artística. Algunos notables locales que posaron para retratos pintados por el joven Pasteur llegaron a imaginarle un futuro modesto pero prometedor en la pintura; sin embargo, la ambición de su padre era que su hijo alcanzara la respetable posición de profesor de instituto.

Pasteur tenía apenas nueve años cuando su apacible infancia pueblerina se vio sacudida por un suceso perturbador. Circulaban noticias de un lobo rabioso que merodeaba por la región de Arbois, atacando con furia a hombres y animales. Pasteur y sus amigos presenciaron cómo una de sus víctimas era llevada al taller del herrero para recibir tratamiento. La visión del hierro al rojo vivo cauterizando las heridas, aún húmedas, del hombre dejó en el muchacho una impresión indeleble. No menos impacto tuvieron las muertes hidrófobas, poco después, de ocho habitantes de Arbois mordidos en manos y cabezas por aquella bestia.

En sus años universitarios en París, Pasteur entró en contacto con las grandes mentes científicas de su tiempo, y pronto afloró su propio talento para la investigación. Tras completar el máster en la École

Normale Supérieure, decidió no regresar al mundo rural como profesor, sino aceptar un puesto en el laboratorio del célebre químico Jérôme Balard. Defendió tesis en física y en química y, al cabo de un año, presentó a la Académie des Sciences un informe sobre la relación entre las formas cristalinas de ciertas sustancias químicas y la polarización rotacional de la luz; un artículo que unificaba con elegancia buena parte de la investigación contemporánea en física molecular y química.

Poco después fue nombrado profesor de química en la Universidad de Estrasburgo, donde vivió dos transformaciones decisivas. Primero, al poco de llegar conoció a Marie Laurent, la bondadosa e inteligente hija del rector, a quien cortejó con empeño hasta lograr su mano, asegurándose un destino como hombre de familia. Segundo, mientras seguía avanzando en sus estudios sobre la naturaleza física y química de los cristales, empezó a preocuparse cada vez más por cuestiones científicas con aplicaciones prácticas directas; desde el proceso industrial de producción de ácido racémico hasta, ya como decano de la Facultad de Ciencias en Lille, la fermentación del alcohol de la remolacha azucarera. Concebía su labor como la ciencia hecha para el pueblo, para el pueblo francés en particular. Muy pronto sería conocido también como «el científico del pueblo».

* * *

En 1857, Pasteur regresó a la École Normale de París. Allí sus investigaciones sobre la fermentación y el deterioro del vino —que estableció como procesos de naturaleza microbiológica— lo condujeron a estudios que terminaron por hacer estallar el viejo mito de la generación espontánea y desembocaron en el desarrollo de nuevos métodos de conservación de productos perecederos. Así nació la pasteurización, destinada a transformar para siempre el manejo de los alimentos y bebidas. De inmediato, y con su habitual tenacidad, Pasteur comenzó a explorar la relación entre la putrefacción de los alimentos y la necrosis de los tejidos enfermos. A medida que sus intereses derivaban de la física y la química hacia la microbiología y la medicina, el público mostraba un creciente interés por su trabajo. Incluso el propio emperador y la emperatriz se convirtieron en atentos observadores, y Pasteur, por su parte, aprendió con rapidez a traducir aquel interés en un apoyo material indispensable: cristalería, incubadoras, laboratorios, animales y asistentes competentes para sostener sus investigaciones.

Muchos científicos se formarían y trabajarían junto a Pasteur, pero ninguno contribuiría tanto a sus estudios sobre las enfermedades humanas y animales como el joven y recio médico Émile Roux. Su carrera académica había quedado en suspenso tras un violento altercado con el director de la Escuela Médica Militar de Val-de-Grâce, a quien insultó tras haber despreciado este el esfuerzo serio que dedicaba a su tesis sobre la rabia. El episodio le costó la cárcel y, finalmente, la expulsión. Ya graduado como médico, Roux se entregó con disciplina casi monástica al estudio de los microbios y de la inmunidad en el laboratorio de Pasteur, primero en la École Normale y más tarde en el Institut Pasteur. En ese papel, solía ser una espina en el costado de su maestro, confrontando sus métodos con los propios y urgiéndolo siempre hacia un rigor aún mayor. «Este Roux es realmente una molestia», llegó a quejarse Pasteur. «Si uno lo escuchara, se detendría por todo lo que intenta lograr». Con todo, la colaboración entre ambos, iniciada en 1878 —cuando Pasteur comenzó a centrarse en las enfermedades contagiosas— y prolongada hasta su muerte en 1895, resultó extraordinariamente fructífera.

A lo largo de su carrera, Pasteur se hizo célebre por su diligencia y tenacidad. Abordaba cada cuestión de investigación con un celo exhaustivo y meticuloso. Y dado que a menudo elegía problemas particularmente controvertidos, su rigor nunca era inútil, pues se hallaba constantemente bajo escrutinio y ataque. Los científicos franceses del XIX no se conformaban con dirimir sus diferencias en parcas cartas publicadas en revistas académicas, como ocurre hoy; preferían confrontarse cara a cara ante sus colegas en la Académie des Sciences, la Académie Nationale de Médecine o incluso en la venerada Académie Française. La meticulosidad metodológica de Pasteur encontraba así complemento en su combativo estilo retórico, una combinación que le permitía derribar en público las teorías de sus rivales con espectacularidad, arrancando a menudo aplausos tan entusiastas como intimidantes. Aquellos duelos académicos eran para él fuente de especial satisfacción.

Le Petit Journal

TOUS LES JOURS
Le Petit Journal
5 Centimes

SUPPLÉMENT ILLUSTRÉ
Huit pages : CINQ centimes

TOUS LES DIMANCHES
Le Supplément illustré
5 Centimes

Cinquième année — LUNDI 24 SEPTEMBRE 1894 — Numéro 201

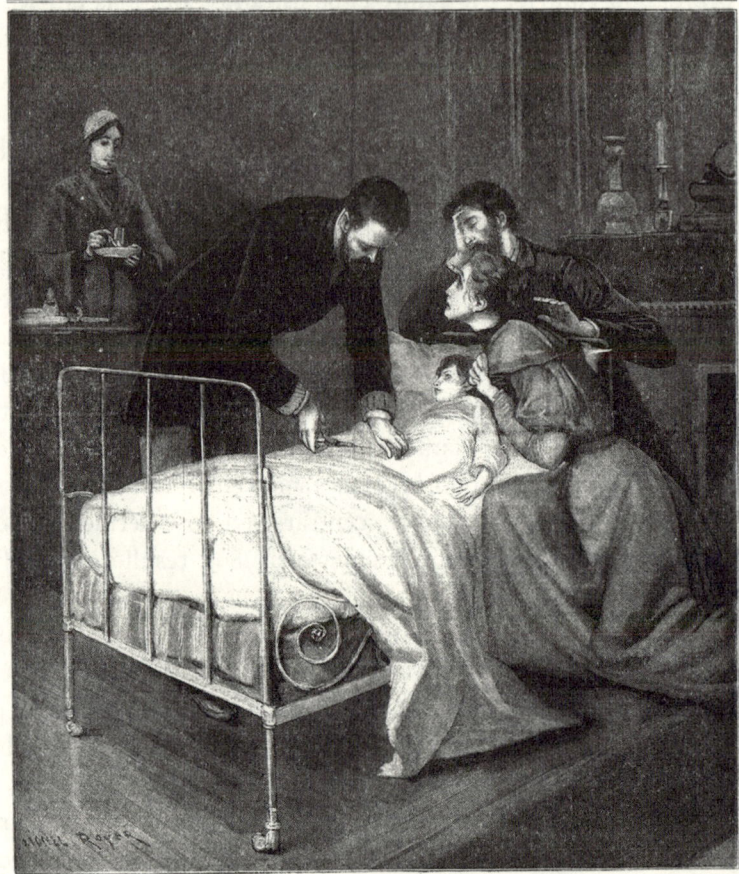

Le croup guéri par le docteur Roux

El Dr. Émile Roux (1853-1933), bacteriólogo y colaborador clave de Louis Pasteur. Grabado publicado en *Le Petit Journal* (24 de septiembre de 1894), durante la era dorada de la microbiología. Roux, pionero en el desarrollo de la vacuna contra la difteria, trabajó codo a codo con Pasteur en la creación de la vacuna antirrábica (1885). Su investigación sobre la toxina diftérica sentó las bases de la seroterapia y le valió reconocimiento mundial. La ciencia comenzaba a domar enfermedades que por siglos fueron letales para la humanidad, especialmente para los niños.

Pasteur profesaba una fe profunda en la investigación y en la experimentación como medios para aliviar la miseria humana. Era una meta elevada y sincera. Aconsejaba a sus colegas más jóvenes: «Vivid en la paz serena de los laboratorios y las bibliotecas. Preguntaos: "¿Qué he hecho por mi país?". Hasta que llegue el día en que podáis experimentar la inmensa felicidad de pensar que habéis contribuido, de algún modo, al progreso y al bien de la humanidad». Su amor por los niños, en particular, y su pasión por protegerlos de la amenaza de las enfermedades infecciosas se hicieron célebres. «Cuando veo a un niño», decía, «me inspiran dos sentimientos: ternura por lo que es ahora y respeto por lo que puede llegar a ser». Buena parte de su investigación médica se centró en dolencias ligadas a la infancia. Él mismo sufrió la pérdida de tres hijas, dos pequeñas a causa de la fiebre tifoidea y otra por cáncer. Tras la muerte de su tercera hija, Cécile, escribió a un colega: «Ahora estoy completamente absorbido por mis estudios, que son los únicos capaces de apartar mis pensamientos de esta profunda pena».

Pasteur concebía su vocación científica como una misión de preservar la vida y aliviar el sufrimiento. Y mientras los secretos de la microbiología se le iban revelando a lo largo de su carrera, su conciencia lo dirigía hacia nuevas aplicaciones humanas. Ya en sus primeros trabajos ensayó y defendió con vehemencia técnicas para controlar la contaminación microbiana —no solo en alimentos y bebidas, sino también en heridas quirúrgicas— y con ello salvó incontables vidas en todo el mundo. Pero a medida que su inquietud se orientó hacia otras enfermedades, primero en el ganado francés y luego entre sus compatriotas, comenzó a imaginar un medio más fundamental de prevenir la morbilidad y la mortalidad causadas por las infecciones. La idea de las vacunas se apoderó de su imaginación.

* * *

La vacunación consiste en inducir inmunidad contra una enfermedad en un individuo vulnerable, lograda mediante la exposición intencional a una forma menos virulenta del mal. La práctica comenzó con la variolización contra la viruela, originada en Asia más de un milenio antes

Dr. JENNER.

The Discoverer of Cow Pock Inoculation.

Published by J. Robins & Cʸ Ivy Lane, Paternoster Row. March 22. 1823.

de Pasteur. El procedimiento consistía en tomar una pequeña cantidad del pus de una lesión activa de viruela e introducirla en una incisión quirúrgica o directamente en la nariz de un paciente sin antecedentes de la enfermedad. La infección resultante solía ser más leve, con una tasa de mortalidad de apenas un 1 o 2 %, frente al 30 % de la infección patológica. La variolización fue popularizada en Europa occidental a comienzos del siglo XVIII por lady Mary Wortley Montagu. Tras presenciar su práctica exitosa durante la misión diplomática de su esposo como embajador en el Imperio Otomano, lady Montagu insistió en que su hija de tres años fuese variolizada cuando un brote de viruela amenazó Inglaterra. El procedimiento atrajo pronto la atención de la corte británica, y al año siguiente las hijas del príncipe de Gales, Amelia y Caroline, también habían sido variolizadas. La práctica se difundió de inmediato en Gran Bretaña, aunque tardó décadas en ser aceptada en Francia. Solo la inesperada muerte de Luis XV por viruela en 1774 impulsó su adopción general entre los franceses pudientes.

La variolización no era ni asequible ni accesible para las clases bajas, por lo que nunca llegó a convertirse en un método preventivo universal. Los intentos de vacunación a gran escala solían producirse únicamente cuando una epidemia ya estaba en curso, lo que limitaba su impacto en la lucha contra la enfermedad. Los médicos que aplicaban estos procedimientos carecían de un conocimiento científico genuino sobre su eficacia; aún faltaba más de un siglo para que Pasteur popularizara la teoría microbiana y estableciera la microbiología y la inmunología como ciencias médicas fundamentales. Muchos facultativos del siglo XVIII creían, por ejemplo, que la variolización era más segura si se acompañaba de ayuno, sangrías o purgas mercuriales.

Fue un médico rural británico, Edward Jenner, quien cambiaría el rumbo. Marcado por el recuerdo del nocivo protocolo de variolización que él mismo había sufrido de niño. Jenner se propuso encontrar una alternativa menos peligrosa y menos incómoda para el paciente, sin sacrificar la protección frente a la viruela. Partió de una creencia popular: quienes desde jóvenes ordeñaban o trataban con ganado vacuno —y estaban así expuestos a la viruela bovina, o vaccinia— parecían quedar inmunizados frente a la viruela humana. Jenner comprobó la hipótesis, la vaccinia podía ser inoculada de manera deliberada en una persona no expuesta y conferirle protección. Sus experimentos, realizados en vecinos y familiares, bastaron para convencer de que era preferible recibir una inoculación con una enfermedad mucho menos virulenta procedente de otra especie, antes que ser variolizado con viruela activa y potencialmente mortal. Esta innovación fue acogida con rapidez en todo el mundo; en menos de diez años más de 100 000 personas habían sido vacunadas, y Jenner se convirtió en una celebridad internacional. No suele ocurrir, no tardó en surgir, junto con la vacuna, un movimiento antivacuna; científicos y profanos que denunciaban el procedimiento como «veneno», una objeción que resuena en nuestros días. Pese a ello, su uso se difundió cada vez más y llegó a ser obligatorio en muchos lugares, a medida que la producción de vacuna se fue estandarizando y perfeccionando.

En menos de dos siglos, la vacuna de Jenner erradicaría de la tierra el azote de la viruela.

Louis Pasteur era un firme partidario de las estrategias preventivas contra la infección y un gran admirador de Jenner y de su principio de vacunación. Para cuando inició sus propios trabajos sobre enfermedades transmisibles, el legado de Jenner estaba sólidamente asentado, aunque todavía poco comprendido. La Académie Nationale de Médecine recomendaba la vacunación general, pero aún luchaba por diferenciar el agente de la vacuna del de la viruela misma. El interés de Pasteur, sin embargo, se extendía mucho más allá de la viruela. Estaba decidido a descifrar un método general de inmunización aplicable a todos los microbios patógenos que cultivaba en su laboratorio.

Edward Jenner (1749-1823) vacunando a su hijo pequeño, sostenido por su esposa, Mrs. Jenner. Grabado coloreado por C. Manigaud, basado en una obra de E. Hamman, siglo XIX.

*   *   *

El cólera aviar fue la primera enfermedad en revelar sus secretos al equipo de investigación de Pasteur. Esta dolencia bacteriana de las aves se propagaba sin control en la Francia de la década de 1870, arruinando a los avicultores de todo el país. Según relató uno de los asistentes de Pasteur, Émile Duclaux, el avance se produjo después de que un cultivo de microbios (*Pasteurella multocida*) quedara olvidado durante las vacaciones de verano. Al reanudarse las clases, se descubrió que aquellas bacterias envejecidas ya no transmitían la enfermedad.[29] Los gérmenes que antes eran letales no producían efectos graves en los pollos sanos inoculados de forma experimental. Intrigado, Pasteur utilizó esas mismas aves para un segundo experimento, esta vez junto a pollos que nunca habían sido expuestos. A ambos grupos los infectó con cultivos frescos de cólera aviar, muy virulentos, y los observó atentamente. El resultado fue claro, los animales expuestos a bacterias atenuadas resistían la infección, mientras que el resto sucumbía.

La importancia del hallazgo no pasó inadvertida para Pasteur. Había logrado inducir inmunidad frente a una enfermedad mortal, no por azar —como Jenner en un establo— sino de manera deliberada en el laboratorio. Si la vida de un pollo podía preservarse mediante la inoculación de microbios debilitados, era razonable suponer que el mismo método podría aplicarse para salvar vidas humanas. En homenaje a Jenner, Pasteur denominó «vacuna» a su procedimiento de inmunización contra el cólera aviar.

La nueva vacuna atrajo de inmediato a sus detractores: enemigos de la teoría germinal, antivacunas ya fogueados contra la vacuna jenneriana y, sobre todo, rivales científicos que habrían querido arrogarse el descubrimiento si sus métodos hubiesen sido más sólidos. Mientras preparaba la presentación de sus hallazgos ante la Académie Nationale de Médecine, las discusiones con sus adversarios se volvieron tan enco-

---

29 El relato de Duclaux fue apoyado por la biografía escrita por el yerno de Pasteur, René Vallery-Radot, pero algunos estudios modernos lo disputan. En 1985, a partir de los cuadernos de laboratorio, el historiador Antonio Cadeddu sostuvo que fue Roux quien logró la atenuación del cólera aviar mediante experimentos prolongados y deliberados, sin conocimiento de Pasteur.

nadas que el anciano cirujano Jules Guérin llegó a retarlo a duelo; Pasteur, de sesenta años y hemipléjico, fue librado con delicadeza del compromiso por sus colegas.

Para poner a prueba la validez de su método en un frente más amplio, Pasteur se orientó hacia una segunda enfermedad veterinaria, de gran importancia económica para la agricultura francesa y europea, el ántrax. Aunque en ocasiones podía causar la muerte de granjeros o veterinarios, lo que más temían las comunidades rurales era su capacidad para despoblar explotaciones enteras y dejar los campos contaminados durante años. Inspirado por el artículo pionero de Robert Koch, Pasteur intentó atenuar el bacilo del ántrax del mismo modo que había hecho con el cólera aviar. Tras un éxito parcial mediante calor, su equipo comprobó que el patógeno respondía mejor a la atenuación química, mediante ácido carbólico (fenol)[30]. El ántrax, al final, demostró ser tan susceptible a la domesticación en el laboratorio como lo había sido el cólera aviar.

El anuncio de la vacuna del ántrax desató un furor entre médicos y científicos franceses tan intenso que exigió una prueba pública de sus afirmaciones. El influyente veterinario Hippolyte Rossignol lo acusó en un editorial de su *Veterinary Press* de «microbiolatría» y lo invitó a realizar una demostración en su propia granja de Pouilly-le-Fort, en la Brie. Pasteur aceptó gustoso. Diseñó un protocolo simple: vacunar veinticinco ovejas contra el ántrax; infectar a cincuenta, incluidas las vacunadas, y reservar diez como controles no tratados. Todas serían vigiladas para observar el desarrollo de la enfermedad. La demostración, realizada en mayo de 1881, fue seguida de cerca por una multitud de ganaderos, médicos, farmacéuticos, periodistas y veterinarios, muchos aún escépticos tanto de la vacuna como de la teoría germinal en la que se sustentaba. Más allá del pasto de Pouilly-le-Fort, incluso Robert Koch y sus ayudantes, convencidos de que la atenuación microbiana de Pasteur descansaba en fundamentos poco firmes, expresaban sus dudas.[31]

---

30 La técnica de atenuación con ácido carbólico fue ideada por Henri Toussaint y perfeccionada por Roux y Charles Chamberland, después de que Pasteur ya había anunciado un método basado en el calor.

31 El grupo de Koch, que utilizaba técnicas de cultivo distintas a las de Pasteur, dudaba de la validez de su atenuación térmica.

La expectación se concentró en la etapa final, cuando ovejas vacunadas y no vacunadas recibirían la inoculación con ántrax virulento. A petición de un observador especialmente incrédulo, se administró una dosis triple de bacilos vivos a cada animal. Pasteur mismo agitaba vigorosamente el vial antes de cada inyección para garantizar una distribución uniforme. Otros exigieron que las inoculaciones se alternaran cuidadosamente entre vacunados y no vacunados. Pasteur aceptó todos aquellos requisitos sin apartarse de su predicción: «Las veinticinco ovejas no vacunadas perecerán; las veinticinco vacunadas sobrevivirán».

Aunque proyectaba absoluta confianza, Pasteur sufrió en privado mientras esperaba los resultados. Su ánimo vaciló al oír que una de las ovejas vacunadas había enfermado. Pero dos días más tarde, el desenlace fue categórico. Las veinticinco ovejas no vacunadas habían muerto; todas las vacunadas estaban vivas y sanas. «Tal como predijo M. Pasteur, a las dos en punto veintitrés ovejas yacían muertas», informó el *Times* de Londres. «Dos más murieron una hora después. Las que habían sido vacunadas retozaban mostrando perfecta salud. Los ganaderos ahora saben que existe una prevención segura contra el ántrax».

El éxito valió a Pasteur la felicitación general, especialmente de los veterinarios franceses, que se convirtieron desde entonces en sus aliados más recientes y más valiosos, aliados que serían decisivos cuando su investigación avanzara hacia la enfermedad más temida de la profesión: la rabia.

*   *   *

Del ántrax, Pasteur dirigió después su atención a otra enfermedad veterinaria, pero con consecuencias mucho más significativas para las personas. La rabia —y su manifestación en los humanos, la hidrofobia— no causaba tantas muertes en Francia como otras dolencias, pero ocupaba un lugar central en la imaginación colectiva. Por cada una de las pocas centenas de muertes registradas anualmente, había muchos más franceses —a menudo niños— mordidos por perros, que pasaban meses junto a sus familias en la agonía de la incertidumbre: ¿se convertiría aquella herida en una muerte espantosa? En la juventud de Pasteur,

Galerie Contemporaine.   Cliché E. Pirou.

LOUIS PASTEUR

cuando un lobo rabioso aterrorizó su pueblo natal, el peligro se vivía de manera visceral. Incluso en su madurez, la discusión sobre si la rabia era un contagio o una aparición espontánea seguía dividiendo a biólogos, médicos y veterinarios de prestigio.

Su colaborador Roux creía que Pasteur había escogido la rabia como un gesto calculado, un recurso de teatro destinado a atraer la máxima atención hacia sus ideas sobre vacunación. «Esta dolencia es de las que menos víctimas causan entre los humanos», escribió más tarde. «Si Pasteur la eligió como objeto de estudio fue sobre todo porque el virus de la rabia siempre ha sido considerado el más misterioso de todos, y también porque en la mente de todos la rabia es la enfermedad más aterradora y temida. [...] Pensó que resolver el problema de la rabia sería una bendición para la humanidad y un triunfo brillante para sus doctrinas».

El laboratorio de Pasteur recibió sus primeros perros rabiosos gracias a M. J. Bourrel, veterinario del ejército cuya encuesta de 1874 había mostrado el creciente predominio de los anticontagionistas. Bourrel llevaba años estudiando la rabia, sin lograr grandes avances. Había localizado el principio contagioso en la saliva de los animales enfermos y, a partir de ese hallazgo, recomendaba como medida preventiva limar los dientes de los perros callejeros, para que, si enfermaban, no pudieran transmitir la dolencia al morder. Pero más allá de esto, no había podido aportar soluciones. En 1874 confesaba que la rabia era «impenetrable para la ciencia hasta ahora». Ese mismo verano, su propio sobrino murió tras ser mordido por un perro rabioso, después de varios días de agonía.

En diciembre de 1880, Bourrel entregó a los pasteurianos dos perros rabiosos para su estudio. El primero sufría la forma «muda» o paralítica: la mandíbula colgante e inmóvil, incapaz de sostener una lengua flácida y espumosa, y unos ojos llenos de «angustia melancólica». El segundo ejemplificaba la forma más común, la «furiosa»: aterrorizó el laboratorio con su mirada enrojecida y desencajada, sus embestidas imprevisibles y sus aullidos lúgubres y alucinados.

Ese mismo mes, el doctor Odilon Lannelongue acudió a Pasteur con el caso de un niño de cinco años, mordido en la cara un mes antes y ahora dominado por todos los síntomas clásicos de la rabia, agitación, convulsiones, agresividad e hidrofobia. El pequeño agonizó menos de veinticuatro horas en el hospital antes de morir, con la boca rebosante de una saliva viscosa que no podía tragar. Cuatro horas después del fallecimiento, Pasteur recogió una muestra y la inoculó, diluida, en conejos, siguiendo un procedimiento descrito años antes por el veterinario Pierre Victor Galtier para detectar la enfermedad. Los resultados lo desconcertaron, los animales murieron en apenas treinta y seis horas, demasiado pronto para tratarse de rabia, que suele tardar semanas en manifestarse. Los conejos inoculados con la saliva de los primeros murieron casi igual de rápido, y además fallecieron por una aparente insuficiencia respiratoria, no por los síntomas neurológicos típicos de la hidrofobia. Lannelongue y su colega Maurice Raynaud repitieron el experimento y concluyeron que el niño había muerto de rabia, lo que supondría el primer caso documentado de transmisión de humano a animal.

Pasteur no se conformó. Cultivó en caldo de ternera un microbio con forma de «ocho» extraído de la sangre de los conejos muertos y probó su virulencia en nuevos conejos y en perros, que sucumbieron igual de rápido. Con más investigaciones, él y sus asistentes comprobaron que ese organismo también podía aislarse en pacientes hospitalizados por enfermedades ajenas a la rabia, e incluso en adultos sanos. Pasteur lo bautizó como neumococo y admitió ser «absolutamente ignorante entre cualquier vínculo que pueda haber entre esta nueva enfermedad y la hidrofobia».

Los críticos se mofaban de que, mientras decía investigar la rabia, Pasteur en realidad había tropezado con otra enfermedad distinta; buscaba el agente de la hidrofobia y acabó descubriendo, por accidente, el microbio responsable de la neumonía. Él respondió indignado: «Se trata, en efecto, de una nueva dolencia producida por un microbio nuevo; ni el microbio ni la enfermedad habían sido descritos antes. La tenacidad en la investigación, Monsieur, es lo más importante de nuestro trabajo. Gracias a que mis colaboradores y yo experimentamos, logramos demostrar que la nueva enfermedad existía en el moco bucal de niños muertos por ella, así como en la saliva de personas perfectamente sanas. Solo entonces pude afirmar que no guardaba relación alguna con la rabia».

* * *

Si la rabia no era neumococo, ¿qué era entonces? A pesar de una investigación minuciosa con todas las herramientas del laboratorio de Pasteur, ninguna combinación de métodos disponibles logró revelar una causa microbiana. Aunque el equipo estableció que el principio infeccioso residía en el sistema nervioso central y en las glándulas salivales, nunca consiguió cultivar un patógeno de ninguno de esos lugares. Gracias en gran medida al propio Pasteur, la medicina de la época ya sostenía como principio básico que las enfermedades infecciosas eran causadas por microorganismos específicos y aislables. Los famosos «postulados» de Robert Koch, formulados en 1880, definían con claridad la relación entre microbio y enfermedad. Debía aparecer únicamente en los individuos enfermos; poder ser aislado y cultivado; reproducir la enfermedad al inocularse en un huésped sano, y ser posteriormente recuperado en cultivo del nuevo huésped. En el caso de la rabia, ninguna de estas condiciones se cumplía. El lema de Koch, «una enfermedad, un microbio», coincidía con la visión de Pasteur, aunque para él existía un tercer término en la ecuación: una vacuna. Creía que todo microbio causante de enfermedad, una vez aislado, podía ser atenuado para conferir inmunidad segura a un huésped potencial. Pero, ¿cómo mantener esa lógica si el agente no podía aislarse ni identificarse bajo el microscopio?

Pasteur se refirió al agente invisible de la rabia como un virus. Como señaló un siglo después su biógrafo Patrice Debré, hasta entonces la palabra «virus» estaba asociada a etiologías oscuras y vagas: miasmas, venenos y plagas. La rabia se comportaba como un contagio microbiano, y por eso Pasteur sostuvo con absoluta fe que lo era, aunque no pudiera cultivarlo ni observarlo bajo el microscopio de luz. «Virus» era, para él, una forma de nombrar lo desconocido. No fue hasta 1898 cuando se definió científicamente como tal; un microbio invisible al microscopio de luz y capaz de atravesar filtros que retenían a las bacterias. Y no fue hasta 1903 cuando se demostró experimentalmente que el agente de la rabia encajaba plenamente en esa categoría.

A pesar de esa invisibilidad desconcertante —y del aparente desafío que suponía a los mismos principios científicos que él había contribuido a establecer—, Pasteur perseveró en su empeño de hallar una vacuna. Su flexibilidad intelectual ante resultados inesperados le permitió concluir pronto que intentar cultivar el agente de la rabia con los métodos conocidos era inútil. En lugar de ello, redirigió su atención y la de sus asistentes hacia lo que sería su objetivo esencial, inducir inmunidad, primero en animales y, más tarde, en humanos, frente a un enemigo oscuro e intangible.

Los dos perros de Bourrel fueron solo el inicio de un flujo constante de material infeccioso. La rabia estaba en aumento en París en 1880, y el laboratorio de Pasteur no tenía dificultad para obtener especímenes, procedentes de las perreras de la escuela veterinaria nacional de Maisons-Alfort o de consultas privadas. Como la rabia no podía cultivarse en una placa ni en un vial, debía mantenerse en tejido vivo; en la década de 1880 eso significaba mantenerlo dentro del cuerpo de un animal infectado. Tener perros rabiosos en los modestos cuartos y sótanos del laboratorio era incómodo y peligroso. El riesgo de contagio estaba siempre presente, ya fuese por una mordida o en la mesa de trabajo, manipulando tejidos y utensilios cortantes. A ello se sumaba la presión de los antiviviseccionistas, que denunciaban su labor como una tortura inútil infligida a criaturas inocentes.

Pasteur en el laboratorio de la Escuela Normal de París [Hulton Archive].

Para crear y probar una vacuna, el equipo de Pasteur necesitaba una cepa de rabia más predecible que la proveniente de la infección natural. Los primeros estudios se basaban en el tosco método de dejar que un animal mordiera a otro y esperar, durante semanas o meses, para comprobar el resultado. Los pasteurianos prefirieron la inoculación directa, evitando así los riesgos adicionales de la mordida de un perro rabioso: trauma, sepsis, terror. Pero esa técnica exigía la peligrosa recolección de saliva de animales en plena furia. El yerno de Pasteur, René Vallery-Radot, describió así una escena:

«Debemos inocular a los conejos con esta baba», dijo M. Pasteur. Dos ayudantes lanzaron una cuerda con un nudo corredizo y atraparon al perro. Lo sujetaron y amarraron sus mandíbulas. El animal, ahogado de rabia, con los ojos inyectados de sangre y el cuerpo sacudido por espasmos, fue estirado sobre una mesa mientras M. Pasteur, inclinándose a la distancia de un dedo de aquella cabeza espumosa, aspiró unas gotas de baba con un tubo fino. Fue […] ante este terrible cara a cara cuando vi a M. Pasteur en toda su grandeza.

Aquellos esfuerzos resultaron pronto innecesarios. Experimentos posteriores mostraron que la rabia podía transmitirse con la misma eficacia utilizando tejido del tallo cerebral que con la saliva. «El asiento del virus rábico», escribió Pasteur, «no está, por tanto, solo en la saliva: el cerebro lo contiene con un grado de virulencia al menos igual». Pero ya fuera inoculando tejido nervioso o saliva, el prolongado y variable período de incubación seguía siendo un problema. No todos los animales desarrollaban rabia, y el intervalo antes de los primeros signos era incierto. «Es una tortura para el científico estar condenado a esperar durante meses el resultado de un experimento», se lamentó Pasteur.

*　　*　　*

El equipo de Pasteur pronto descubrió que podía mejorar la tasa de infección y acortar el período de incubación administrando cloroformo al animal receptor, trepanando un orificio en su cráneo e inoculando directamente en la duramadre el tejido nervioso infectado. Pasteur, inquieto por lo invasivo del procedimiento, se resistió al principio a extenderlo. Pero cambió de parecer al ver al primer perro sometido a la operación, vigoroso y alegre apenas un día después. Tal vez el método resultaba más duro para los propios investigadores, como recordó la sobrina de Émile Roux:

> [Roux], [Charles] Chamberland y [Louis] Thuillier se inclinaban sobre una mesa. Un perro grande estaba atado en ella, los músculos contraídos y los colmillos al descubierto. [...] Si el animal, a pesar de todas las precauciones, los hubiera hecho dar un mal paso; si uno de ellos se hubiera cortado con el escalpelo y un fragmento de médula rabiosa hubiera penetrado en la herida, habrían seguido semanas y semanas de angustiosa espera: «¿contraerá o no la rabia?» [...] Ya no eran simples «investigadores» absortos en la rutina meticulosa del laboratorio; eran pioneros, aventureros de la ciencia.

Gracias a la técnica de trepanación, los asistentes de Pasteur lograron transmitir la rabia a animales sanos en cada ensayo. Los signos de enfermedad aparecían en menos de dos semanas —un tiempo mucho más corto que en la infección natural— y la muerte sobrevenía en menos de un mes. Al pasar la rabia del perro al conejo, y de conejo en conejo a través de sucesivos pasajes intracraneales, el período de incubación se fue acortando de manera constante. Tras veintiún pasajes cerebro a cerebro, quedó reducido a ocho días. Desde entonces permaneció fijo y constante. Nuevas transmisiones no produjeron cambios adicionales.

Un período de incubación más breve implica mayor virulencia. Y en efecto, la rabia, tras su paso serial por el conejo, se volvió más devastadora cuando regresaba al perro. Los animales infectados con la «cepa de conejo» sufrían con mayor brutalidad que aquellos con cepas naturales. A fuerza de repetición, Pasteur había conseguido domesticar un virus hasta volverlo prediciblemente letal. Aunque no podía cultivarlo en un tubo ni verlo al microscopio de luz como a una bacteria o una espora, el virus de la rabia estaba, al fin, bajo su control.

El siguiente desafío era la atenuación; debilitar el virus para inducir inmunidad sin provocar la enfermedad. Desde el principio, Pasteur buscaba una cepa capaz de generar una respuesta rápida y segura incluso después de la exposición. El reto era mucho mayor que en la profilaxis tradicional, la vacuna debía desencadenar inmunidad antes de que el virus natural alcanzara el cerebro. Si lo lograba, el paciente sobreviviría; si no, la muerte era inevitable. Pasteur confiaba en que una cepa «débil fuerte» —atenuada, pero lo bastante vigorosa— estimularía una defensa capaz de interrumpir la infección y salvar al paciente, expulsando al virus del organismo. Este uso postexposición, paradójico y audaz, requería una innovación más allá de los principios vacunales de Jenner y del propio Pasteur. De hecho, anunciaba el nacimiento de una nueva ciencia, la inmunología.

*　*　*

Pasteur desarrolló su cepa vacunal contra la rabia, altamente inmunogénica pero segura, mediante un proceso de dos etapas. Primero afinó cuidadosamente la virulencia del virus y después la embotó deliberadamente. Esta segunda fase, como la primera, dependía de la manipulación ingeniosa de tejido nervioso postmortem procedente de animales rabiosos. Y también, como en la primera, recayó directamente en los asistentes de mayor confianza: Chamberland, Thuillier, Adrien Loir y, sobre todo, Roux. Fue probablemente Roux quien ideó el método pasteuriano de atenuar las cepas más peligrosas de la rabia, dejando envejecer médulas espinales de conejos muertos por el virus en frascos diseñados para favorecer la desecación —aunque sería Pasteur quien acaparase gran parte del mérito—. Como tantas otras metodologías nacidas en el laboratorio, el equipo perfeccionó y validó este protocolo a través de numerosas repeticiones. Muy pronto demostraron la poderosa eficacia de su cepa atenuada-virulenta como vacuna; tanto como profilaxis frente a futuras exposiciones en perros como, en última instancia, como terapia postexposición capaz de impedir que animales ya mordidos sucumbieran a la enfermedad.

13e ANNÉE. — No 612.   PARIS ET DÉPARTEMENTS 15 CENTIMES   13 MARS 1886

LE DON QUICHOTTE

Rédacteur en Chef: Ch. GILBERT-MARTIN

BORDEAUX
Bureaux : RUE CABIROL, 7
ABONNEMENTS
UN AN...... 10 fr.
SIX MOIS..... 5 »
ÉTRANGER LE PORT EN SUS
PARIS
DÉPÔT GÉNÉRAL ET VENTE
17, Rue Saint-Mar
Distribution dans les kiosques
Chez les libraires et les marchands
de journaux.

ANNONCES
LES ANNONCES SONT REÇUES
A L'AGENCE HAVAS
POUR LA PUBLICITÉ DE BORDEAUX
Péristyle du Grand-Théâtre
côté sud.
La ligne
Annonces sur 6 colonnes 25 c.
Réclames sur 5 colonnes 40 c.

L'ANGE DE L'INOCULATION (M. PASTEUR), par GILBERT-MARTIN.

En septiembre de 1884, Pasteur recibió una carta del emperador de Brasil preguntando cuándo estaría disponible una vacuna para víctimas humanas de mordeduras rabiosas. Respondió:

> Hasta ahora no me he atrevido a intentar nada en humanos, a pesar de mi propia confianza en el resultado y de las numerosas oportunidades que se me han ofrecido desde mi última lectura en la Academia de Ciencias. Temo demasiado que un fracaso pueda comprometer el futuro, y quiero primero acumular casos exitosos en animales. Las cosas en esa dirección van muy bien; ya tengo varios ejemplos de perros hechos refractarios tras una mordedura rabiosa. Tomo dos perros, hago que ambos sean mordidos por un perro rabioso; vacuno a uno y dejo al otro sin tratamiento, el segundo muere y el primero permanece perfectamente bien. Pero incluso cuando haya multiplicado ejemplos de la profilaxis de la rabia en perros, creo que mi mano temblará cuando llegue el turno de la Humanidad.

Seis meses más tarde, en marzo de 1885, Pasteur escribía a su amigo Jules Vercel: «Aún no me he atrevido a tratar a seres humanos mordidos por perros rabiosos; pero el momento no está lejos, y estoy muy inclinado a comenzar conmigo mismo —inoculándome el virus y luego deteniendo sus consecuencias; pues empiezo a sentirme muy seguro de mis resultados».

Tal vez siguió acariciando la idea, pero Pasteur nunca llegó a someterse a semejante prueba. No fue necesario, siempre había víctimas desafortunadas de mordeduras cuyos médicos y familias estaban dispuestos a ofrecerlas a la experimentación. Sus cuadernos revelan que más de una vez se dejó persuadir para vacunar a enfermos ya en los estertores de la hidrofobia. Ninguno sobrevivió. En todos esos casos el virus natural había alcanzado el cerebro antes de la inoculación. Pasteur tomó nota de ello y se aseguró de que esos intentos fallidos no trascendieran. Continuaba convencido de que, bajo las circunstancias adecuadas, la vacuna tendría éxito, y estaba decidido a que su debut público en humanos fuese triunfal, un argumento incontestable ante el mundo del poder salvador de las vacunas.

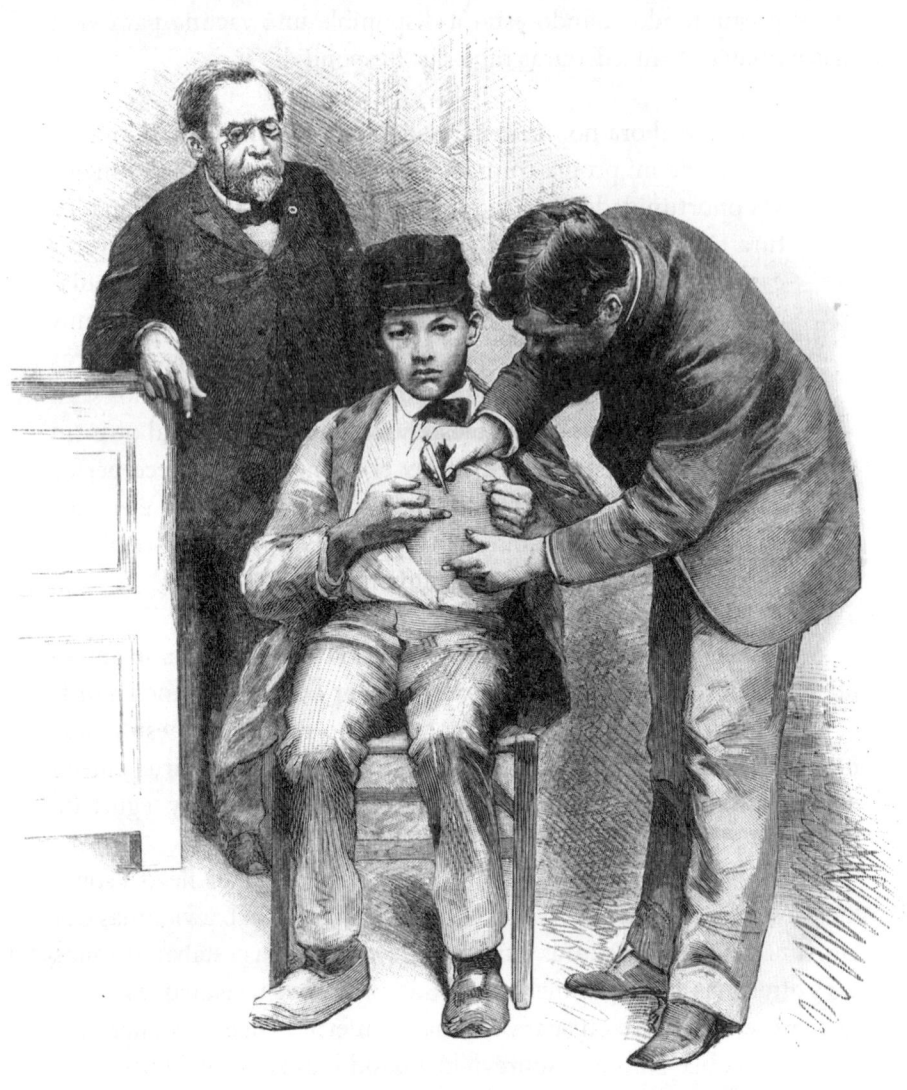

Louis Pasteur supervisa la administración de la vacuna contra la rabia. Portada de la revista *L'Illustration* (1885), publicación francesa que documentó este hito científico. La escena captura el momento histórico en que Pasteur y sus colaboradores aplican el tratamiento pionero a un paciente, tras exitosos experimentos en animales. La vacuna, desarrollada mediante atenuación del virus en médula espinal seca, marcó la primera victoria contra la rabia—una enfermedad mortal y temida por siglos—y consolidó la inmunología moderna. Esta imagen, difundida globalmente, catapultó a Pasteur a la fama internacional.

*　*　*

El destino quiso que Joseph Meister, un niño de nueve años, proporcionara a Pasteur el caso experimental lo bastante convincente como para poner a prueba su incipiente vacuna. Mientras caminaba solo hacia la escuela en las afueras de su aldea alsaciana, Meister fue atacado brutalmente por el perro de un tendero. El animal lo derribó y desgarró su carne mientras el pequeño se encogía, protegiéndose en vano el rostro con las manos. Cuando un albañil logró finalmente apartar al perro con dos barras de hierro, Meister ya había recibido catorce mordeduras profundas en muslos, piernas y manos. Ese mismo día, tras cauterizar las heridas con ácido carbólico, el médico local lo envió a París para ser examinado por el célebre Louis Pasteur.

Pasteur actuó con cautela. Conmovido por su primer encuentro con el niño y su madre, no accedió a tratarlo hasta consultar con Alfred Vulpian, uno de los médicos más respetados de Francia y miembro de la Comisión oficial sobre la rabia, y con Jacques-Joseph Grancher, jefe de la clínica pediátrica del Hospital de Niños de París. Ambos coincidieron en que el tratamiento experimental ofrecía la mejor esperanza de supervivencia, dada la gravedad de las heridas. Vulpian y Grancher no solo aportaron legitimidad ética, sino también la asistencia práctica indispensable. Pasteur nunca se había formado como médico, carecía de licencia para ejercer, y por ello no podía empuñar la jeringa; otros administraban las inyecciones, aunque él había supervisado cada aspecto de la vacuna.

La primera se aplicó de inmediato. «El 6 de julio, a las ocho de la noche, sesenta horas después de las mordeduras del 4 de julio, y en presencia de los doctores Vulpian y Grancher, inoculamos en un pliegue de piel sobre el hipocondrio derecho del joven Meister media jeringa Pravaz con médula espinal de un conejo muerto de rabia el 21 de junio; la médula había estado desde entonces —es decir, quince días— conservada en un frasco de aire seco», anotó Pasteur en su cuaderno. El tratamiento completo se prolongaría durante diez días, con trece inoculaciones en total, todas con tejido espinal postmortem de conejo rabioso. Cada dosis sucesiva contenía médulas menos desecadas, y por tanto más virulentas.

Durante el tratamiento, Meister y su madre se alojaron junto al laboratorio de Pasteur en el Collège Rollin. El niño, fascinado, se sentía feliz entre los pollos, conejos, cobayas y ratones del lugar. Pasteur, en cambio, veía tambalear su confianza a medida que las inoculaciones aumentaban en virulencia. «Mis queridos hijos», escribió Madame Pasteur, «vuestro padre ha pasado otra mala noche; teme las últimas inyecciones en el niño. ¡Y, sin embargo, ya no hay marcha atrás! El pequeño sigue en perfecto estado».

El 16 de julio, a las once de la mañana, Meister recibió la inyección final. Contenía el material más virulento de todos, médula de un perro infectado con una cepa reforzada por pasajes en conejo, cosechada apenas un día antes. Era la prueba definitiva, a un receptor no inmunizado, aquella dosis le habría provocado la rabia en cuestión de días. El yerno de Pasteur describió así el momento:

> Curado ya de sus heridas, encantado con todo lo que veía, correteando alegre como si estuviera en su granja alsaciana, el pequeño Meister, cuyos ojos azules no mostraban ni miedo ni timidez, recibió sonriente la última inoculación. Esa misma noche, tras pedir un beso a su «querido monsieur Pasteur», como lo llamaba, se fue a la cama y durmió plácidamente. Pasteur, en cambio, pasó una noche terrible de insomnio; en esas horas lentas y oscuras en que todo se deforma, olvidando la acumulación de experimentos que garantizaban su éxito, imaginó que el niño moriría.

Poco después, Pasteur partió de París en busca de un descanso necesario, confiando en recibir noticias frecuentes de los médicos que seguían a Meister. El 3 de agosto, escribió a su hijo desde Arbois: «Muy buenas noticias anoche del muchacho mordido. Espero con gran esperanza el momento de poder sacar una conclusión. Mañana serán treinta y un días desde que fue atacado».

* * *

A medida que pasaban las semanas y Meister seguía libre de síntomas, Pasteur comenzó a compartir discretamente las noticias de su éxito con allegados. Uno de ellos, Léon Say, filtró la historia al *Journal des Débats*, y pronto el mundo entero comenzó a celebrarla con cautela. De regreso en París, a comienzos del otoño de 1885, Pasteur presentó ante la Académie des Sciences el caso de Joseph Meister. Habían pasado más de tres meses desde las mordeduras, y el niño seguía sano. El doctor Vulpian tomó la palabra para responder:

> La hidrofobia, esa enfermedad temible contra la cual todas las medidas terapéuticas habían fracasado, ha encontrado por fin un remedio. M. Pasteur, guiado por una serie de investigaciones sostenidas durante varios años, ha creado un método capaz de prevenir, infaliblemente, el desarrollo de la enfermedad en un paciente mordido por un perro rabioso. Digo infaliblemente, porque, después de lo que he visto en el laboratorio de M. Pasteur, no dudo del éxito constante de este tratamiento, siempre que se aplique pocos días después de la mordedura. Ahora debemos pensar en organizar una institución dedicada a aplicar este método. Toda persona mordida debe tener acceso a este gran descubrimiento, que sellará la fama de nuestro ilustre colega y traerá gloria a nuestro país.

El modesto laboratorio de Pasteur en la École Normale se transformó de inmediato en clínica y dispensario. Multitudes de aterrados acudieron para recibir las inoculaciones. En diciembre, ochenta tratamientos estaban ya en curso en la bulliciosa sede de la rue d'Ulm.

Cada mañana, Eugène Viala, asistente de Pasteur, preparaba con meticuloso cuidado las dosis. De filas de frascos desecadores seleccionaba segmentos de médula espinal de conejo envejecida, los aislaba en viales esterilizados según los días transcurridos desde la cosecha y los suspendía en caldo de ternera. Pasteur supervisaba de cerca y se aseguraba de que cada paciente recibiera, en cada jornada, la inoculación adecuada a su fase de tratamiento.

A las once en punto, el estudio de Pasteur se abría a los pacientes. Se registraban sus nombres, la fecha y las circunstancias de la mordedura, junto con el certificado del veterinario. Jacques-Joseph Grancher administraba las inyecciones bajo la atenta mirada de Pasteur. Aunque los familiares solían dirigir sus preguntas al propio Pasteur, él recordaba amablemente que era químico y no médico, desviándolas hacia Grancher. Su yerno dejó escrito que «tenía una palabra amable para cada uno, y ayuda sustancial para los más pobres. Los niños le interesaban sobre todo; ya fueran mordidos gravemente o asustados por la aguja, secaba sus lágrimas y los consolaba».

En diciembre de 1885 llegó un telegrama anunciando que cuatro niños de Nueva Jersey, mordidos por perros rabiosos, se dirigían a París. El dinero para el viaje se había recaudado mediante una suscripción pública organizada por el *New York Herald*. El llamamiento, firmado por el médico de Newark William O'Gorman, declaraba:

> Tengo tal confianza en la fuerza preventiva de la inoculación con virus mitigado que, de ser mi desventura ser mordido por un perro rabioso, tomaría el primer vapor atlántico, iría directo a París y, lleno de esperanza, me pondría en manos de Pasteur. [...] Si los padres son pobres, apelo a la profesión médica y a las buenas personas de toda clase para ayudar a enviar a estos niños allí donde hay casi certeza de prevención y cura. Demostremos al mundo que sabemos apreciar el avance de la ciencia y que somos lo bastante generosos para ayudar a quienes no pueden ayudarse a sí mismos.

Entre los contribuyentes figuraban Andrew Carnegie, el exsecretario de Estado Frederick Frelinghuysen y decenas de vecinos de Newark, cuyos níqueles, monedas y dólares reunieron mil en apenas veinticuatro horas. Los cuatro pequeños embarcaron hacia París con un médico acompañante y la madre del menor. Este, de apenas cinco años, exclamó al sentir el pinchazo de la primera inyección: «¿Y por esto hemos viajado tan lejos?». La prensa neoyorquina siguió con frenesí el tratamiento, dedicando hasta un diez por ciento del *Herald* al asunto, y sus crónicas se reimprimieron por todo el país. América entera aguardaba noticias.

Cuando regresaron sanos y vacunados semanas después, fueron recibidos como héroes en Nueva York y más allá. Durante meses fueron exhibidos en teatros y museos populares, desde el Bowery hasta el corazón del país. Por diez centavos, los curiosos podían comprobar por sí mismos la salud de los niños e incluso preguntarles por su experiencia en el laboratorio de Pasteur. La prensa, fascinada, relataba no solo la historia de los pequeños sino también la ciencia de laboratorio que había hecho posible la vacuna.

Según el historiador Bert Hansen, el fenómeno de los niños de Newark transformó la manera en que los estadounidenses concebían la ciencia y la medicina: «Revirtió la creencia de que los médicos veteranos y las viejas terapias eran mejores que las nuevas. Creó una expectativa de que la medicina debía cambiar, que los avances vendrían de experimentos de laboratorio en animales y que las inyecciones serían una herramienta fundamental de la nueva medicina». El público, impulsado por periodistas y autoridades, aguardaba desde entonces con entusiasmo cada novedad. Algunas resultarían valiosas —como la antitoxina contra la difteria o los rayos X—, otras se desvanecerían, como la tuberculina de Koch. En cualquier caso, la medicina establecida se vio obligada a adaptarse. En 1895, un editorial del *Concours Médical* resumía:

> Desde las alturas de nuestras posiciones establecidas, ya no debemos reírnos de los bacilos ni de los medios de cultivo. Quienes los estudian ya merecen nuestro respeto por los servicios prestados a la humanidad; para nosotros, la vieja guardia de la profesión, deben inspirar además un saludable temor y el propósito de ser útiles. Debemos marchar con los tiempos. El próximo siglo verá florecer una nueva medicina; dediquemos lo que resta de este a prepararla. Volvamos a la escuela y labremos el terreno de la evolución, si hemos de evitar la revolución.

Antes incluso de que los cuatro niños regresaran a América, médicos de Nueva York, Newark y San Luis habían iniciado gestiones para llevar la cura a su país. Pasteur anunció que recibiría con gusto a científicos norteamericanos —y de cualquier rincón del mundo— para enseñarles su método en el laboratorio. Para 1900, en Estados Unidos existirían al menos seis clínicas dedicadas a administrar la vacuna antirrábica.

* * *

De regreso en París, con suficientes casos acumulados para demostrar una diferencia estadística en la supervivencia entre vacunados y no vacunados, Pasteur fijó su mira en crear una institución capaz de atender la creciente demanda de su tratamiento contra la rabia y, al mismo tiempo, servir de hogar a la investigación científica que pudiera conducir a nuevas curas. Aunque orgulloso de contribuir a la gloria de Francia, deseaba que permaneciera independiente del gobierno. Al anunciar en 1887 una campaña de recaudación de fondos, comenzaron a llegar donaciones de todos los rincones del mundo: del editor del *Herald*, del zar de Rusia, e incluso del propio Joseph Meister desde Alsacia. Pero los recursos necesarios para materializar la visión de Pasteur eran cuantiosos. En torno a París, el científico se convirtió en una presencia habitual en bailes de beneficencia, bazares, banquetes y salones, donde solicitaba discretamente apoyo financiero. Con su propia contribución personal de 100 000 francos, Pasteur figuró entre los mayores benefactores de su causa. El 14 de noviembre de 1888 se inauguró oficialmente el Institut Pasteur.

El instituto se erigió como buque insignia de una red internacional en ciernes. Según sus estatutos, registrados en 1887, sus fines eran: «(1) el tratamiento de la rabia según el método desarrollado por M. Pasteur y (2) el estudio de enfermedades virulentas y contagiosas». No oficialmente, debía ser también un motor de ciencia aplicada, capaz de proteger vidas y sustento, pero también de generar aplicaciones rentables que aseguraran su perpetuidad y crecimiento. Sus modernos edificios, levantados en la entonces suburbana llanura de Grenelle, albergaban laboratorios, perreras, bibliotecas y la propia residencia de Pasteur. La ceremonia de apertura contó con la presencia del presidente de la República Francesa; embajadores de Turquía, Italia y Brasil; las figuras científicas más distinguidas del país, y un nutrido cuerpo de prensa internacional, que garantizó la difusión del acontecimiento durante días en periódicos de todo el mundo.

Incluso mientras veía sus doctrinas convertidas en institución, en París y más allá, Pasteur se hallaba bajo ataque constante. Microbiólogos extranjeros —especialmente en Alemania e Italia— afirmaban que no lograban reproducir sus resultados. Médicos de dentro y fuera de Francia insistían en que las mejoras en la supervivencia tras la vacunación eran marginales. Y periodistas científicos —un gremio en ascenso en la Europa de fin de siglo—, aunque en su mayoría le eran favorables, ofrecían tribuna a voces críticas deseosas de cuestionar la ortodoxia pasteuriana. Cada vez que la vacuna fracasaba en salvar a un paciente, incluso cuando el tratamiento se había iniciado demasiado tarde, la prensa escéptica organizaba un nuevo juicio público. Numerosas publicaciones daban espacio a los rivales de Pasteur. Algunos proponían terapias alternativas, otros apelaban a una nostalgia por métodos tradicionales, e incluso había quien sostenía que la vacuna no era más que una derivación de remedios antiguos.

Si ni su popularidad en vida ni su legado histórico se vieron minados por ello, fue porque nunca cedió a nadie la última palabra. Todo artículo hostil, ya fuera en una revista académica o en un periódico popular, recibía de él una respuesta firmemente didáctica. A un diario de Nápoles escribió, sobre uno de sus rivales: «El doctor von Frisch [...] no ha tenido éxito, lamento decir. Pero puedo contrarrestar sus ensayos con resultados positivos que derriban cualquier hecho negativo que afirme haber obtenido». Y a su familia le confesaba con frustración: «¡Qué difícil es lograr el triunfo de la verdad! La oposición es un estimulante útil, pero la mala fe es lamentable. ¿Cómo no se convencen ante los resultados que muestran las estadísticas?».

* * *

Pasteur murió en su casa el 28 de septiembre de 1895. Su salud llevaba años minada por sucesivos derrames cerebrales y por la fatiga de una insuficiencia cardíaca. Pasó sus últimos tiempos en una productividad más limitada, como escribió la señora Pasteur en 1893: «Pasteur continúa bastante bien, pero debe resignarse a dejar de lado todo trabajo que sea de alguna manera extenuante. Se interesa mucho por el trabajo de otros. Aún disfruta acudir a las Academias».

Ese «trabajo de otros» fue su mayor fuente de orgullo en la vejez, sobre todo porque esos otros eran, a menudo, discípulos formados por él en la École Normale Supérieure o en el propio Institut Pasteur. «Nuestro único consuelo, cuando sentimos que nos fallan las fuerzas, es ayudar a quienes vienen detrás a hacer más y mejor que nosotros, apuntando a horizontes que nosotros apenas vislumbramos», dijo con su característica galantería. Muchos de aquellos pasteurianos serían recordados por contribuciones propias, aunque el reconocimiento a menudo no llegaría hasta que la figura dominante de Pasteur se hubo retirado del trabajo cotidiano.

Monumento a Louis Pasteur en Arbois, Jura [Shutterstock/ Traveller70]

Émile Roux, su colaborador más cercano en las vacunas del cólera aviar y el ántrax, e ideador del método de atenuación de la rabia, desarrolló más tarde la terapia con suero contra la toxina diftérica. Élie Metchnikoff, biólogo ruso formado en Alemania con Koch y después investigador en el Institut Pasteur, sentó las bases de la inmunología con su descripción de la inmunidad celular. Albert Calmette, tras fundar un Instituto Pasteur en Saigón, creó el suero antiofídico y más tarde, en Lille, junto a Jules Guérin, identificó la cepa BCG que se convertiría en vacuna contra la tuberculosis. Alexandre Yersin, médico suizo que trabajaba bajo Roux, descubrió en 1894 en Hong Kong el bacilo de la peste y probó su transmisión por ratas, desarrollando rápidamente una seroterapia salvadora. Charles Nicolle, discípulo de Roux y Metchnikoff, identificó al piojo como vector del tifus y a la mosca de arena como transmisora de la leishmaniosis. Jules Bordet, activo en el laboratorio de Metchnikoff entre 1894 y 1901, avanzó en la inmunidad humoral y descubrió el bacilo de la tosferina tras fundar un Instituto Pasteur en Bélgica. Todos ellos extendieron por el mundo el enfoque pasteuriano, la medicina de laboratorio, uniendo ciencia, salud pública y práctica clínica.

Los restos de Pasteur fueron enterrados en una cripta construida bajo el Institut Pasteur, de acuerdo con los deseos de su familia. Allí, quince años después, reposó también su esposa Marie. La cripta fue decorada con mosaicos que celebraban sus triunfos científicos, y custodiada durante décadas por Joseph Meister, aquel niño que había sido el primero en salvarse de la rabia gracias a él y que, ya adulto, trabajó como conserje del instituto. En 1940, cuando los nazis ocuparon París y quisieron visitar la tumba, Meister se negó valientemente a abrir la verja. Poco después, se quitó la vida.

Entonces, como hoy, la ciencia de Pasteur seguía viva. Soldados de ambos bandos en la guerra recibieron vacunas desarrolladas en su escuela, fueron tratados con seroterapias nacidas de su laboratorio y se beneficiaron de técnicas de asepsia inspiradas en sus principios. Como sigue ocurriendo en la actualidad, no faltaban voces críticas frente a sus doctrinas, pero la historia apenas las recuerda. En cambio, recuerda a Pasteur como lo que fue, un héroe de la medicina moderna. Aunque muchas otras curas milagrosas estaban aún por llegar, ninguna figura desde entonces ha alcanzado el mismo estatus heroico que Louis Pasteur, el conquistador de la rabia.

Alexandre Yersin (1863-1943), médico y bacteriólogo suizo-francés, descubridor del bacilo de la peste bubónica (*Yersinia pestis*) en 1894 durante una epidemia en Hong Kong. Pioneero de la salud pública en Indochina, fundó el Instituto Pasteur de Nha Trang (Vietnam), donde investigó vacunas, sueros y cultivos agrícolas para el desarrollo local. Su labor conectó la microbiología con el humanismo, combatiendo epidemias mientras estudiaba geografía, etnografía y astronomía.

VI. EL SIGLO ZOONÓTICO

Es imposible describir hasta qué punto Louis Pasteur, en apenas dos décadas de trabajo a finales del siglo XIX, transformó el modo en que la humanidad comprendía la rabia. Su descubrimiento no solo redujo drásticamente las muertes humanas por hidrofobia en Occidente, sino que, al introducir una vacuna preventiva para perros, disminuyó también la incidencia de la enfermedad en el animal que más la propagaba. Durante el siglo XX, su tratamiento fue perfeccionado. Primero cultivando la vacuna en embriones de pato y más tarde en cultivos celulares, lo que simplificó y estandarizó el producto; después, complementándolo con inmunoglobulina obtenida del plasma de personas vacunadas, que incrementó notablemente la eficacia postexposición. Con ello, la rabia dejó de ser un azote cotidiano en los países industrializados y pasó a sobrevivir sobre todo en la memoria colectiva, como un vestigio casi mítico de otra época. Desaparecida de calles y callejones, ya no amenazaba con irrumpir en el hogar ni con colonizar al compañero fiel que dormía junto al fuego.

Pero mientras la más antigua de las zoonosis se replegaba, los avances de la microbiología revelaban que todo un repertorio de enfermedades humanas tenía raíces semejantes. Entre ellas, la más terrible de todas, la peste bubónica. El patógeno transmitido por pulgas que Alexandre Yersin aisló en 1894 fue rebautizado en su honor —*Yersinia pestis*— y, en 2010, los análisis de restos de fosas medievales confirmaron que había sido el causante de la Peste Negra. Así, si hasta entonces la historia humana había estado marcada por la rabia como infección imprevisible e infaliblemente mortal, el siglo XX inauguró una sucesión de zoonosis igualmente horrendas y, en muchos casos, aún más letales.

La primera de ellas llegó como un sunami entre 1917 y 1920, la llamada gripe española. Entre 50 y 100 millones de personas —alrededor del 3 % de la población mundial— murieron a causa de una cepa particularmente virulenta de influenza. En aquel momento se creía que era una enfermedad exclusivamente humana. Sin embargo, ya en 1918 empezaron a llegar informes de brotes extraños en animales: caballos abatidos en un hospital veterinario francés; babuinos y monos muertos por centenares en Sudáfrica y Madagascar; alces en los bosques de Ontario, y, sobre todo, millones de cerdos en Iowa. En otoño de 1918, en la feria porcina de Cedar Rapids, apareció un brote devastador. El veterinario J. S. Koen lo describió con crudeza:

> «Ataque súbito y severo. Paciente muy enfermo y agitado [...] ojos congestionados, secreciones acuosas, temperatura hasta 108 °F[32]. Pérdida rápida de peso: hasta cinco libras por día. Debilidad extrema. El mal avanza rápido por la piara. Dura cuatro o cinco días y el sujeto empieza a recuperarse justo cuando se esperaba la muerte».

Pero la recuperación nunca llegaba para los miles de cerdos que sucumbían —entre el 1 y el 2 % de los casos—. Koen insistió en llamarlo «gripe porcina», lo que despertó escepticismo entre científicos y alarma en la industria. Aun así, se mantuvo firme:

> «La similitud entre la epidemia en personas y la epizoótica en cerdos era tan estrecha que un brote en la familia era seguido de inmediato por uno entre los animales, y viceversa. Era gripe, presentaba síntomas de gripe y terminaba como gripe; hasta que se demuestre lo contrario, sostendré ese diagnóstico».

---

32 *Nota del editor.* 108 °F (grados Fahrenheit) equivalen a 42.2 °C (grados Celsius) según la fórmula de conversión °C = (°F − 32) / 1.8. Esta temperatura, considerada un umbral de hiperpirexia extrema en termometría médica, aparece con frecuencia en descripciones históricas de casos graves de rabia u otras enfermedades infecciosas. Cabe destacar que el sistema Fahrenheit sigue utilizándose de forma oficial en Estados Unidos y algunos territorios, mientras que el sistema Celsius (o centígrado) es el estándar científico y de uso común en la mayoría de países hispanohablantes.

El historiador Alfred W. Crosby lo recordaría más tarde como «una perorata digna de Lutero en Worms».

Durante las dos décadas siguientes, cuatro científicos confirmaron su intuición: Richard Shope, del Instituto Rockefeller en Princeton, y en el Reino Unido Wilson Smith, Christopher Andrewes y Patrick Laidlaw. En 1928, Shope retomó la investigación en Iowa y, tras nuevas oleadas de la enfermedad, en 1931 logró aislar el virus de la gripe porcina. Poco después, los investigadores británicos, trabajando con hurones —un animal susceptible al moquillo y ahora revelado como modelo para la influenza—, reprodujeron con éxito en 1933 la infección humana en veintiséis ejemplares. Demostraron, además, que la bacteria de Pfeiffer, considerada durante décadas el supuesto causante, no tenía ningún efecto. En 1935, Laidlaw pudo afirmar con seguridad que «el virus de la influenza porcina es, en realidad, el de la gran pandemia de 1918, adaptado al cerdo y persistente en esa especie desde entonces».

Ese despertar retrospectivo fue apenas el primero de un siglo plagado de sorpresas zoonóticas. Soldados estadounidenses volvieron de Corea con una fiebre hemorrágica transmitida por ratas, el hantavirus. A finales de los sesenta, en África apareció la fiebre de Lassa, también obra de roedores. En los ochenta irrumpieron no solo el sida, de origen simiesco, sino también el Ébola, enfermedad de monos que en su forma más aguda desangra al cuerpo por todos sus orificios. Más recientemente, el siglo XXI se estrenó con dos nuevos recordatorios: la gripe aviar y el retorno de la gripe porcina, ambas capaces de matar a miles y de obligar a millones a ocultarse durante meses tras mascarillas quirúrgicas.

La rabia pudo haberse desvanecido como amenaza cotidiana en Occidente. Pero el siglo zoonótico que siguió dio a la humanidad incontables razones para mirar a sus vecinos animales con desconfianza.

*   *   *

Para la década de 1930, la rabia en América había disminuido considerablemente en humanos, aunque no tanto en sus perros. El problema era especialmente grave en el Sur. Un informe de finales de esa década situaba la tasa de infección entre los perros de Birmingham, Alabama, en

Portada de la primera edición de *Their Eyes Were Watching God* (*Sus ojos miraban a Dios*), obra cumbre de Zora Neale Hurston (1891-1960), publicada en 1937 por J.B. Lippincott & Co. Esta novela, considerada un clásico de la literatura afroamericana y del Renacimiento de Harlem, explora temas de identidad, género y libertad a través de la protagonista, Janie Crawford. La obra fue reivindicada décadas después como un hito literario y feminista. Hurston, antropóloga y escritora, retrató con autenticidad la vida de las comunidades negras, aunque su trabajo permaneció en relativa oscuridad hasta su redescubrimiento en los años 70.

el 1 %, una cifra impactante para un virus que mata a todos sus huéspedes caninos. Aunque la vacuna estaba ya ampliamente disponible, solo el 40 % de los dueños blancos vacunaban a sus animales, y entre los afroamericanos la proporción era de apenas uno de cada diez. Las muertes humanas se habían reducido, pero seguían siendo reales. Más de 250 fueron registradas en el Sur durante la década de 1930, una tasa per cápita comparable a las histerias prepasteur en la Inglaterra del siglo XVIII.

Esa misma década apareció una novela fundamental, una de las más importantes del siglo XX, cuyo desenlace se construye alrededor de un fallecimiento muy dramático a causa de la rabia. *Sus ojos miraban a Dios*, de Zora Neale Hurston, narra la vida y los enredos románticos de Janie Crawford, una mujer negra del oeste de Florida. Criada por su abuela, una antigua esclava, Janie se casa con un granjero mucho mayor; después es seducida por un político y empresario ambicioso, y finalmente —tras la muerte de este segundo marido, maltratador y abusivo— encuentra el amor en Vergible Woods, conocido como Tea Cake. Su matrimonio, apasionado y tormentoso, ocupa la segunda mitad del libro. Juntos se trasladan primero a Jacksonville y luego a Everglades, donde llevan una vida sencilla. Trabajan en los campos de frijoles de día y socializan de noche, mientras Tea Cake entretiene a los vecinos con su guitarra y apuesta su dinero en partidas de dados.

El idilio se rompe cuando un huracán devasta la zona. Durante la huida, el verdadero peligro no proviene de la tormenta sino de un perro rabioso que, encaramado al lomo de una vaca medio sumergida, ataca con furia. Tea Cake lo ahoga tras una violenta lucha, pero no antes de recibir en el pómulo una mordedura fatal.

Tres semanas más tarde, ya instalados de nuevo en Everglades, Tea Cake comienza a sufrir terribles dolores de cabeza y síntomas inequívocos. Al despertar de madrugada entra en una «una lucha de pesadilla contra un enemigo alojado en su garganta»; al intentar beber agua, se atraganta y exclama: «*Dat water is somethin' wrong wid it... It nelly choke me tuh death*» (Ese agua tiene algo malo... Casi me ahoga hasta la muerte). El médico de cabecera advierte a Janie que la rabia es el diagnóstico más probable. La única opción sería internarlo en el hospital del condado, donde podrían «atarlo y cuidarlo». Janie se niega: «*He'd think Ah wuz tired uh doin' fuh 'im, when God knows Ah ain't. Ah can't stand de idea us tyin' Tea Cake lak he wuz uh mad dawg*» (Pensaría que me he cansado de hacer cosas por él, cuando Dios sabe que no es así. No puedo soportar la idea de que atemos a Tea Cake como si fuera un perro rabioso)[33]. A lo que el médico responde con gravedad: «Se podría decir eso».

Al día siguiente, la enfermedad ha transformado a Tea Cake en un hombre paranoico y violento. Desconfiado de su esposa, vuelve de la letrina con una pistola. Janie, que se ha preparado con un rifle, lo mata en defensa propia justo cuando él se abalanza y alcanza a morderle el brazo. Debe arrancar las mandíbulas de su esposo muerto de su propia carne.

¿Ha contraído Janie la rabia de esa mordedura? Hoy sabemos que la transmisión de humano a humano es extremadamente improbable, pero en la época de Hurston los médicos —y el propio doctor en la novela— insistían en esa posibilidad. El relato nunca aclara si la infección llega a anidar en ella; simplemente, la historia concluye tiempo después, cuando Janie regresa a Eatonville, Florida, para ser juzgada por la muerte de Tea Cake. Allí el doctor testifica que la encontró «*bit in the arm, sitting on the floor and petting Tea Cake's head*», lo que sugiere que recibió algún tipo de atención médica inmediata. El jurado, irónicamente compuesto solo por blancos, la absuelve.

Queda otra incógnita: ¿por qué Hurston eligió la rabia como eje del desenlace? Sus biógrafos han señalado posibles influencias, su hermano y su primer esposo eran médicos, y en su infancia la familia tuvo siete sabuesos; pero Robert Haas propone una explicación más convincente. En 1936, mientras Hurston escribía la novela, se estrenó la película *The Story of Louis Pasteur*. Fue un éxito inesperado —recaudó 665 000 dólares y llegó a unos trece millones de espectadores, una décima parte de la población estadounidense—, y su segunda mitad se centra en la creación de la vacuna contra la rabia. En Nueva York, donde vivía Hurston, se proyectó durante todo febrero y recibió amplia cobertura en la prensa. Es, por supuesto, una coincidencia circunstancial; pero resulta tentador pensar que, mientras Pasteur lograba erradicar el terror de la rabia de las calles, al mismo tiempo ayudaba a sembrarlo en una de las grandes obras de la ficción del siglo XX.

---

33 *Nota del editor*. Hemos mantenido las frases originales, que están escritas para reflejar el dialecto vernáculo de los personajes, con vocablos como «*Ah*» (*I*), «*wuz*» (*was*), «*fuh*» (*for*), «*lak*» (*like*) y «*dawg*» (*dog*).

* * *

También fue a mediados de la década de 1930 cuando el hombre que revolucionaría nuestra visión sobre los no-muertos tuvo su primer encuentro con el terror en la gran pantalla. La película era *Werewolf of London* y Richard Matheson tenía nueve años. «De alguna manera convencí a mi madre de llevarme», recordaba. «Y cuando Henry Hull» —quien interpretaba a un biólogo, Wilfred Glendon, mordido por un animal extraño durante su investigación en el Tíbet— «se transformó en hombre lobo, ¡me morí de miedo! Me tiré de mi butaca y me arrastré por el pasillo». Hijo de inmigrantes noruegos, Matheson creció en Brooklyn y destacó en ciencias y música en la prestigiosa Brooklyn Tech. Tras combatir en la Segunda Guerra Mundial y graduarse en la Universidad de Missouri, trazó un rumbo muy distinto como escritor. Empezó con relatos cortos en varios géneros —ciencia ficción, misterio, wésterns— y luego pasó a las novelas. Para pagar las cuentas trabajaba de día en la oficina postal y más tarde en una fábrica de aviones. En el momento de su matrimonio, apenas había ganado quinientos dólares escribiendo. «Fueron años muy duros», recordaría después, en los que sus angustias financieras comenzaron a filtrarse en su ficción: «Mi tema recurrente en esos años era el hombre, aislado y solo, acosado por todos los frentes, por todo lo que pudiera imaginar».

En 1953, Matheson convirtió este tropo en lo que probablemente sea la novela de terror más influyente del siglo xx. *I Am Legend* sigue la existencia solitaria de Robert Neville, al parecer el único superviviente humano de un virus que ha matado a la mayoría de la población y convertido al resto en vampiros. Pero estos vampiros no eran ya los aristócratas encapuchados que habían dominado los sueños del xix, eran monstruos insensatos que dormían todo el día en tugurios oscuros y de noche vagaban en busca de sangre fresca. Inmune al virus, Neville se hunde en la desesperación, llevado al borde de la autodestrucción por la monotonía de su rutina: reforzar constantemente su casa, reponer suministros y, durante el día, recorrer un Los Ángeles postapocalíptico para empalar cuantos vampiros encuentre.

El menor descuido podía costarle la vida. Un día, al descubrir que su reloj se ha detenido, Neville se percata de que el anochecer se acerca y está

Cartel promocional de *Werewolf of London* (*El hombre lobo de Londres*), película de terror estadounidense estrenada en 1935, dirigida por Stuart Walker y protagonizada por Henry Hull. Como el primer largometraje de hombres lobo del cine sonoro de Hollywood, sentó bases clave para el subgénero: la maldición licantrópica provocada por la mordedura de un lobo, la transformación bajo la luna llena y el uso de la ciencia botánica (aquí, la flor Mariphasa) como posible cura temporal.

a una hora de casa. En Western con Compton Ave, los vampiros empiezan a salir de los edificios al paso de su ranchera. Al llegar a su calle, lo espera una multitud. Embiste con el coche, los derriba como bolos, y logra dar la vuelta a la manzana para entrar en su casa justo a tiempo.

Nunca se precisa la naturaleza exacta del virus, aunque sabemos que afecta también a los perros. La escena en que Neville encuentra un perro vivo, lo alimenta y observa cómo pronto sucumbe a temblores, espuma en la boca y gruñidos guturales, un eco inequívoco de la rabia. El animal muere una semana después.

Con su evocación de pandemia y alusiones a la devastación nuclear —la Tercera Guerra Mundial ha tenido lugar recientemente, quizás contribuyendo al origen del virus—, la novela revitalizó un género vampírico moribundo y lo reinventó para la era de la Guerra Fría. Una de las grandes innovaciones de Matheson fue el escenario; no castillos sombríos, sino un entorno suburbano contemporáneo. Más revolucionaria aún fue la naturaleza de sus «vampiros»; no individuos sofisticados, sino una horda animalizada cuya amenaza residía en su ferocidad y, sobre todo, en su número. «Estaba empalando vampiros todos los días, viéndolos tendidos en el frigorífico del *Stop and Shop* como chuletas de cordero», recordaba Stephen King, quien citó el libro como una enorme influencia. «Comprendí que el horror no tenía que suceder en un castillo encantado; podía suceder en los suburbios, en tu calle, quizá en la casa de al lado».

Aunque *I Am Legend* los llama «vampiros», la obra fue decisiva para dar forma a otro género: los relatos de zombis. La palabra «zombi» provenía de la religión haitiana y había sido apropiada por la ficción estadounidense desde finales de los años veinte; Hollywood llevaba filmando zombis desde los años treinta. Pero fue la novela de Matheson la que inspiró a George Romero, un joven realizador de anuncios en Pittsburgh, a concebir una especie más vital de muerto viviente. En un relato inédito titulado «Anubis», Romero básicamente «robó» la visión de Matheson para describir un mundo donde los muertos volvían a la vida. Incapaz de conseguir financiación, Romero y sus amigos reunieron seiscientos dólares cada uno y rodaron su propia película. El resultado fue *Night of the Living Dead*, una obra maestra de bajo presupuesto que recaudó millones y estableció el molde del cine zombi. Ya no se trataba de malvados solitarios como Drácula o el hombre lobo, sino hor-

179

UNA HISTORIA ORAL DE LA GUERRA ZOMBI

GUERRA MUNDIAL

MAX BROOKS

Bestseller instantáneo
The New York Times

«Un insólito relato tan difícil de creer como difícil de rebatir.» *Publishers Weekly*

Portada de la primera edición en español de *Guerra Mundial Z*, editado por Almuzara en 2008.

das insaciables que devoran a su paso un mundo donde el orden se ha derrumbado. Los zombis se convirtieron en sinónimo de apocalipsis.

El género del apocalipsis zombi experimentó un resurgir en el siglo XXI. El *remake* en 2004 de *Dawn of the Dead* fue un éxito de taquilla; Romero regresó con *Land of the Dead*; la comedia británica *Shaun of the Dead* se convirtió en un clásico; *The Zombie Survival Guide* (2003) y *World War Z* de Max Brooks[34] fueron superventas, al igual que *Pride and Prejudice and Zombies*; y la serie gráfica *The Walking Dead* se transformó en un fenómeno televisivo.

El *New York Times* llegó a llamar a los zombis «el espectro posmilenial del momento». Pero ¿por qué? Se ha dicho que los atentados del 11-s dejaron un poso apocalíptico; que los auges zombis coinciden con periodos de inestabilidad social; incluso que se correlacionan con gobiernos republicanos, mientras que en épocas demócratas resurgen los vampiros. Ninguna de estas teorías convence del todo. Lo cierto es que en el siglo XXI los zombis se multiplicaron, pero en dos formas distintas.

El primero es el zombi lento, más cercano al imaginario haitiano, torpe, sin cerebro, fácilmente eliminado de uno en uno con un golpe en la cabeza. Su peligro radica en el número y en la persistencia del asalto. Estos zombis, a menudo explícitamente no-muertos que se levantan de sus tumbas, son herederos directos de Arnod Paole, el *ur-vampiro* documentado por Johannes Flückinger en el *Visum et repertum*; un cuerpo muerto que camina sin astucia ni furia, apenas es carne en descomposición.[35]

El segundo es el zombi rápido, criaturas infectadas por un virus que se transmite con mordidas y transforma a los humanos en bestias frenéticas y asesinas. Su frenesí recuerda a la antigua *lyssa*, la rabia lobuna que en los mitos arrastró a Heracles a matar a su familia o a Héctor a la locura en Troya. El paradigma del zombi rápido es *28 Days Later*, donde un virus llamado «*rage virus*» se propaga. El director Danny Boyle

---

34 *Nota del editor*. En Almuzara publicamos en español las primeras ediciones de estas dos obras, mucho antes de que la productora de Brad Pitt, Plan B, llevara al cine *Guerra Mundial Z*, con un guion muy alejado de la novela.

35 Es esta variedad la que encaja mejor con la idea de Chuck Klosterman de los zombis como metáfora de la vida moderna: «Sigue con la eliminación. No dejes de creer. No dejes de eliminar. Devuelve tus mensajes de voz y asiente a todo. Este es el mundo de los zombis, y nosotros solo vivimos en él».

explicó que se inspiró directamente en la enfermedad real: «Queríamos que los zombis estuvieran sedientos de sangre, pero también asustados». En su agonía, evocan el legado de Poe y Ovidio, relatos de horror que nos obligan a imaginar la transformación terrible sobre nosotros mismos.

La más reciente adaptación cinematográfica de *I Am Legend* retomó el motivo del zombi rápido. Allí, el virus es una versión modificada del sarampión, inicialmente diseñada para curar el cáncer pero que termina convirtiendo a la humanidad en espectros sedientos de sangre. La relación entre Neville y su perra Samantha refuerza el paralelo con la rabia, cuando ella es mordida y se transforma, Neville se ve obligado a estrangularla en una de las escenas más desgarradoras de la película.

Conviene aclarar que el zombi rápido no es un zombi rabioso en sentido literal. Estas ficciones no hablan de la rabia como enfermedad real; o, más bien, lo hacen solo en clave metafórica, como cuando atribuimos el subidón de endorfinas en la cinta de correr al depredador que ya no nos persigue. Hace un siglo que la rabia dejó de ser una amenaza en Occidente. Y, sin embargo, el tropo del zombi veloz —ese virus que arranca el alma y deja tras de sí un animal devastado— lleva la rabia inscrita en su propio ADN. Aunque protegidos de la enfermedad, seguimos sin poder escapar del miedo.

*   *   *

El mismo año en que Richard Matheson convertía al vampiro en una criatura rabiosa en sentido metafórico, la auténtica rabia se manifestó en su inseparable compañero animal. Una mañana de verano de 1953, en una finca ganadera del condado de Hillsborough, cerca de Tampa (Florida), un niño de siete años buscaba una pelota perdida entre los matorrales cuando se topó con una aparición insólita, un murciélago amarillo. Aunque esa especie solo se alimenta de insectos, aquel día pareció empeñado en hacer del niño su presa. Se le aferró al pecho y no lo soltó ni siquiera mientras él corría despavorido hacia su madre. Ella logró arrancarlo de un golpe y el padre lo remató. Mientras consolaba a su hijo, la mujer recordó haber leído en una revista ganadera que en América Central las vacas estaban contrayendo rabia por mordeduras de murciélagos. Avisó de inmediato a las autoridades sanitarias e insistió en que analizaran el cadáver del animal en busca de la enfermedad mortal.

Durante siglos, la rabia fue conocida como una dolencia propia del perro. Cierto es que los expertos admitían su aparición en otras criaturas de cuatro patas —lobos, zorros, mofetas o ganado—, pero en lo que respecta a los murciélagos —que albergan el virus con mucha mayor frecuencia y de manera más estable que cualquier otra especie— la ciencia tardó sorprendentemente en confirmarlo. Desde los tiempos de Gonzalo Fernández de Oviedo y Valdés se habían descrito las mordeduras de los murciélagos vampiro como «venenosas». El ganado en América Central y del Sur sufría de manera constante sus ataques y, en ocasiones, tras un asalto diurno, llegaba a morir la mitad de un rebaño entero, víctima de una parálisis fulminante. A partir de 1906, las haciendas del sur de Brasil comenzaron a verse diezmadas por una condición que pasó a llamarse *peste das cadeiras* —la «plaga de las sillas»—, así apodada porque los cuartos traseros de los animales quedaban inmovilizados, obligándolos a adoptar una anómala postura sedente. El ganado babeaba en exceso, tenía dificultad para tragar y, conforme la parálisis ascendía, se debilitaba hasta morir por insuficiencia respiratoria. Para 1908, más de cuatro mil reses y un millar de caballos habían sucumbido a esta misteriosa enfermedad.

En 1911, un laboratorio de São Paulo logró un avance decisivo, identificó la rabia como la causante de aquellas muertes gracias a la presencia de las manchas características conocidas como cuerpos de Negri, visibles al microscopio en el tejido cerebral de los animales caídos. Y sin

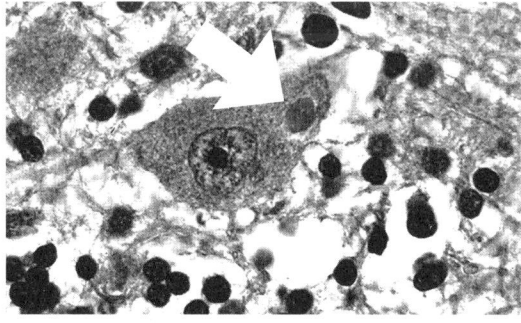

Cuerpo de negri en neurona. Henry R, Murphy FA. Etymologia: Negri Bodies. *Emerging Infectious Diseases*. 2017;23(9):1461.

embargo —aunque los murciélagos vampiro eran observados con frecuencia mordiendo al ganado afectado, incluso en la inusual circunstancia de pleno día— la comunidad científica brasileña seguía convencida de que los verdaderos culpables debían de ser perros invisibles. El punto de inflexión llegó en 1916, cuando un estudio epidemiológico señaló directamente a los murciélagos vampiro como responsables. Ese mismo año, la rabia fue diagnosticada de manera concluyente en un murciélago frugívoro. Tras siglos de mortandades ganaderas causadas por estos ataques, veterinarios y autoridades sanitarias empezaron a comprender que la *peste das cadeiras*, junto con otros episodios similares en América Central y del Sur —*tumbi baba* en Paraguay, *rabia paresiante* en Argentina, *renguera* en Costa Rica, *derriengue* en Centroamérica o *tronchado* en México— no eran misteriosas plagas rurales, sino devastaciones infligidas desde el aire por murciélagos.

Las primeras muertes humanas atribuidas a la rabia transmitida por murciélagos vampiro se registraron en Trinidad en 1929. Como la rabia canina había sido erradicada de la isla en 1918, los científicos pudieron identificar con rapidez —y sin margen de error— al murciélago como vector. En las tres décadas siguientes, ochenta y nueve personas y miles de animales domésticos murieron en Trinidad por esta causa. Fuera de la isla, sin embargo, no fue hasta principios de la década de 1950 cuando se reconocieron las primeras muertes humanas. En 1951, un campesino mexicano, poco antes de sucumbir a lo que más tarde se confirmaría como rabia, relató a sus médicos que cuatro semanas antes había sufrido una mordedura profunda mientras defendía a sus hijos de un murciélago vampiro inusualmente agresivo. La investigación posterior de las autoridades sanitarias reveló que, en su aldea natal de Platanito, cuatro niños habían muerto ya de una enfermedad neurológica paralítica tras ser mordidos por el mismo animal.

Para junio de 1953, cuando la vida del niño de siete años que buscaba la pelota estaba en peligro tras el ataque del murciélago amarillo, la rabia transmitida por murciélagos vampiro era ya un hecho bien documentado. Sin embargo, se consideraba que las especies norteamericanas —en su gran mayoría insectívoras— eran inofensivas. Por fortuna, el padre del niño insistió ante las autoridades sanitarias en que se analizara al animal. En pocas horas, W. R. Hoffert, bacteriólogo jefe del laboratorio regional de Tampa, detectó en el cerebro del murciélago los característicos cuerpos de Negri, un hallazgo que fue corroborado poco después por el Consejo de Salud de Florida en Jacksonville. El niño recibió a tiempo la vacuna postexposición y nunca llegó a desarrollar la enfermedad.

La noticia de aquel caso incentivó una vigilancia mucho más rigurosa de la rabia en murciélagos estadounidenses. A finales de 1965 ya se habían identificado ejemplares infectados en todos los estados, salvo Rhode Island, Alaska y Hawái; hoy, solo los murciélagos hawaianos permanecen libres de la enfermedad. Actualmente, las mordeduras de murciélago son responsables de casi todas las infecciones humanas en Estados Unidos, con más de treinta por exposición doméstica registradas desde 1990. ¿La razón? Sus mordeduras son tan sutiles que pueden pasar inadvertidas; a menudo ocurren de noche y, en muchos casos, ni siquiera son lo bastante dolorosas como para despertar a la víctima. Por ello, los Centros para el Control y la Prevención de Enfermedades recomiendan que cualquier persona que despierte y encuentre un murciélago en su habitación reciba vacunación contra la rabia. Del mismo modo, se aconseja tratar como expuesto a todo niño sin supervisión o a cualquier persona con discapacidad mental hallada en presencia de un murciélago. A pie, la rabia puede atacar con la furia ruidosa de un animal rabioso; por aire, en cambio, llega con la silenciosa eficacia de un asesino.

*   *   *

Las epidemias siempre han estado cargadas de connotaciones morales, pero pocas tanto como el sida, cuyas primeras víctimas —homosexuales y drogadictos— pertenecían ya a los grupos más marginados de la cultura occidental. Que la enfermedad resultara además de origen animal, con todo el peso simbólico que arrastran las infecciones zoonóticas, fue tan desafortunado como inevitable. Lo sorprendente es la cantidad de animales sospechosos que circularon antes de dar con el verdadero origen. En 1983, la investigadora de Harvard Jane Teas publicó en *The Lancet* una breve carta en la que apuntaba al cerdo, los primeros casos haitianos conocidos (1978), observó, habían sido seguidos poco después por un brote masivo de fiebre porcina africana, una infección letal en cerdos que, como el sida, afecta al sistema linfático y debilita a sus huéspedes frente a otras infecciones oportunistas. Por la misma época, las mascotas domésticas también entraron en el radar. Algunos medios señalaron semejanzas con la leucemia felina (apenas ciertas) y con el moquillo canino, o parvovirus (del todo erróneas). Así, la enfermedad más aterradora del siglo XX —una dolencia que transformó la conciencia de toda una generación sobre el comportamiento sexual— comenzó su historia pública asociada a una sorprendente y variopinta lista de presuntos culpables animales.

La especulación pronto se concentró en los primates. A finales de 1984, un equipo de Harvard aisló un retrovirus en la sangre de macacos cautivos que presentaban síntomas parecidos al sida. Como no lograron hallar un virus similar en macacos salvajes, concluyeron que los animales lo habían contraído en cautiverio a partir de un mono verde, cuyos congéneres en libertad sí albergaban un retrovirus semejante. Esta llamada «teoría del mono verde» arraigó con fuerza en la imaginación pública, sobre todo cuando distintos investigadores comenzaron a competir con explicaciones cada vez más gráficas sobre el modo en que se habría producido la infección cruzada. En junio de 1987, *The Lancet* publicó una breve carta que citaba un artículo de antropología de 1973 según el cual algunos congoleños, en busca de una «intensa actividad sexual», se inyectaban sangre de mono —del género correspondiente, claro está— en genitales, muslos y espaldas. Un mes después, Abraham Karpas, investigador británico del sida en Cambridge, retomó esta historia macabra y la amplió en una especulación a página completa en *New Scientist*.

Durante más de una década después de aquel informe, proliferaron las leyendas urbanas sobre los orígenes animales del sida.[36] Lo que hacía a la enfermedad especialmente propensa a la histeria era, por supuesto, la combinación de su altísima tasa de mortalidad (el 90 % en los casos en que la infección por VIH progresaba al síndrome completo) con su modo sexual de transmisión. Resultaba casi inevitable que semejante dolencia «bestial» se imaginara también como bestial en su origen —es decir, fruto de la bestialidad—. Cualquiera que creciera en Estados

---

36 Hoy en día, los científicos consideran que el sida surgió, con gran probabilidad, a raíz de la caza de monos y simios para obtener carne.

Unidos a finales de los años ochenta recordará la avalancha de rumores disparatados que circulaban entre los adolescentes. Pero un repertorio similar de historias corrió también por buena parte del mundo occidental. Una investigadora del sida, por ejemplo, entrevistó a jóvenes en su Terranova natal y recogió respuestas como esta: «Vino de África por una práctica ritual de nativos que tienen sexo con simios»; o esta: «La primera que escuché fue sobre un marinero cuyo barco hizo escala en África y el marinero tuvo relaciones con un babuino. La segunda historia aparentemente sucedió en América del Sur, Cuba, creo, o en México. Un hombre tuvo relaciones con su oveja».

Mientras tanto, en Escocia, un grupo convocado por sociólogos en 1990 produjo este intercambio clásico de especulaciones etiológicas: «A: Escuché que fue un tipo que tuvo algo con un gorila; B: Escuché que fue un tipo que tuvo sexo con un toro; C: Escuché que fue un tipo en África o algo así». «A: Fue solo por esos negros hijos de puta del extranjero, hombre; C: Tuvo sexo con un gorila o un mono algo así. De todas formas, tal y como yo lo veo, fueron los pakis quienes que lo trajeron aquí».

Nótese cómo en ambos grupos, además de señalar a África, también dirigen la sospecha hacia los extranjeros más cercanos. Los escoceses cargan contra los «pakis» —un insulto que, nacido como abreviatura de «pakistaníes», pronto se amplió para englobar a todos los inmigrantes musulmanes en el Reino Unido—, mientras que los terranovenses, para quienes los inmigrantes —y en particular los de piel oscura— eran una rareza, proyectan sus recelos sobre Cuba o México. La escena evoca con viveza a aquellos hombres con cabeza de perro que los cartógrafos medievales solían dibujar en los márgenes de los mapas, aunque siempre en tierras lejanas, nunca en las propias.

De hecho, como uno podría esperar, los residentes de América Latina y África, incluyendo aquellos en mayor riesgo de sida, ven las cosas de manera diferente. En 1990, un investigador del sida en Punta Gorda en la costa de Belice registró este intercambio entre dos mujeres en un bar:

Propietaria del bar: Esa cosa [el sida] ha estado aquí desde el principio de los tiempos. Viene de los perros. Mujeres estadounidenses, de allá arriba tuvieron, sexo con ellos y se contagiaron. Perros. Aquí no dejas entrar a los perros en la casa; se quedan afuera como los gatos.

Campesina: Escuché que viene de esa gente en África que va al bosque y hace cosas con los monos. Esos monos lo tienen y se lo contagian a la gente.

Propietaria del bar [a carcajadas]: ¡Una mujer allá arriba tuvo sexo con un perro y se lo pegó a su hombre! ¡Así es como empezó!

Uno de los centenares de carteles que se diseñaron
en las campañas de prevención del sida.

Incluso en África, indudablemente el lugar de nacimiento del virus humano, circula un mito sobre el origen del sida que involucra sexo con un perro. En la versión difundida en Uganda, Kenia, Malí y otros lugares de África occidental, es una mujer africana quien mantiene esa relación —pero solo porque un hombre, blanco, le habría pagado para que lo hiciera—. En Zimbabue, el sacerdote y antropólogo Alexander Rödlach rastreó este mito hasta una historia publicada en 1991 en el *Sunday Mail* de Harare, con el título «Actos sexuales inhumanos: Mujeres arrestadas». El artículo aseguraba que la policía local había detenido a varias mujeres en Harare por entregarse a prácticas sexuales con un perro a cambio de dinero. El dueño del animal, «que se creía un hombre blanco», grababa cada sesión con la intención de vender los vídeos en mercados pornográficos «en el extranjero». El periódico citaba además a un supuesto exnovio de una de las mujeres, quien afirmaba que ella le había confesado sus escarceos caninos. ¿Qué la habría llevado a confesar? Según él, la confrontó con la pregunta de por qué una enfermedad venérea que padecía había tardado cuatro meses en sanar. El exnovio no era identificado —de hecho, el artículo no aportaba ninguna fuente— y, significativamente, tampoco mencionaba el sida.

Más de una década después, cuando Rödlach realizó extensas entrevistas en Zimbabue sobre los orígenes del sida, la historia del perro seguía apareciendo con frecuencia. Quienes la repetían rara vez creían que la infección hubiera sido accidental. Según ellos, el hombre blanco había inventado el VIH, lo había inoculado en un perro y después había reclutado deliberadamente a mujeres negras para transmitirlo.

En el imaginario popular africano, la enfermedad suele atribuirse a algún tipo de «brujería», y en este caso adoptaban una forma marcadamente contemporánea: un científico malvado, creador de virus, vinculado a un mercado internacional de pornografía. En algunos países, el «hombre blanco» de la historia se transformaba en un «experto europeo en desarrollo». Y, sin embargo, el núcleo del relato es tan primordial como universal; viaja de África a Belice, de Escocia a Terranova y a Estados Unidos. Incluso en una época en la que la ciencia ilumina los misterios de la enfermedad a escala molecular, persiste la intuición de que una dolencia tan antinaturalmente virulenta solo podía nacer del más antinatural de los acoplamientos, la unión entre lo humano y lo animal.

*　*　*

El 6 de mayo de 1994, cuando el Eurotúnel comenzó a transportar tráfico ferroviario entre el Reino Unido y Francia, el temor inmediato de muchos británicos no era el colapso económico ni ejércitos invasores, ni siquiera oleadas de turistas. Era la rabia. La enfermedad había sido erradicada en Gran Bretaña en 1902 y, salvo sustos aislados —generalmente perros introducidos desde el continente europeo—, nunca había vuelto a asentarse en suelo británico. Sin embargo, en vísperas de la apertura del túnel, una encuesta reveló que dos de cada cinco opositores lo rechazaban porque «facilitaría la entrada de la rabia en el país». Otra, realizada por un periódico local en Folkestone, Kent, cerca de la boca del túnel, mostraba cifras aún más alarmantes: casi el 88 % de los encuestados creía que el Chunnel haría la rabia «virtualmente imparable» o, al menos, aumentaría de forma drástica su incidencia. Para los habitantes de Kent, la rabia proyectaba una sombra desmesurada. Entrevistado por la académica australiana Eve Darian-Smith, un clérigo anglicano de la región lo expresó con brutal franqueza: «El túnel del canal de la Mancha es una violación de nuestra integridad insular», declaró. «Construirlo fue el triunfo del poder y el dinero sobre la gente común y el agro inglés. Podría traernos la rabia de la misma manera que una víctima de violación puede contraer sida».

Como señalaron comentaristas durante el revuelo del Chunnel, la erradicación de la rabia a comienzos del siglo parecía haber incrementado, más que disipado, el terror británico a la enfermedad en las décadas posteriores. La rabia pasó a simbolizar toda clase de males extranjeros. «La bendita insularidad», comentó en 1990 un miembro del Parlamento, «nos ha protegido durante largo tiempo tanto de los perros rabiosos como de los dictadores». A ello se sumaba una prensa sin escrúpulos, siempre dispuesta a explotar esos temores con astucia. El ejemplo más claro llegó en los setenta, cuando un brote de rabia de zorros en Francia ocupó titulares en toda Gran Bretaña. En pleno pánico, Larry Lamb, editor del *The Sun* de Rupert Murdoch, adquirió para serialización una obra de ficción titulada *Rabid*, que rebautizó como *Day of the Mad Dogs*. La primera entrega apareció acompañada por la imagen de la cabeza de un perro rabioso, con espuma desparramándose y extendiéndose sobre el periódico.

Más impactante aún fue la campaña televisiva con la que el periódico decidió promocionar la serie, protagonizada nada menos que por los mismos perros que habían aparecido en la célebre película de terror *The Omen*. «El anuncio comenzaba tranquilamente», recordaría Lamb. Una pareja de mediana edad se relajaba en la sala de estar de una elegante casa de campo. De pronto, sus dos perros se abalanzaban sobre ellos, babeando. «Mostramos primeros planos de las bocas espumantes de los perros» —espuma conseguida con crema de afeitar, añadió Lamb con orgullo— «y víctimas ensangrentadas». A partir de ahí se sucedía un montaje de horrores: bebés gritando, cazadores persiguiendo a perros rabiosos, hasta concluir con la imagen de una «víctima agonizante, sudando y gimiendo en el hospital». El efecto fue tan estremecedor que, la misma noche de su estreno, a las once en punto, el anuncio fue retirado de antena por orden de los reguladores de televisión.

Sobra decir que *Day of the Mad Dogs*, tanto en formato seriado como en novela independiente, fue un éxito rotundo. La cadena de horrores que relata arranca con John y Paula, un joven matrimonio que viaja de vacaciones a Francia poco después de la muerte de su adorado perro. Durante su estancia en una villa a las afueras de Cassis, tropiezan con un perro vagabundo entrañable, y Paula insiste en que deben llevárselo a casa. John se muestra reacio, pero a medida que cede descubre que su esposa —fría en la cama desde la muerte de su mascota— recupera de un insospechado ardor («Comenzó a preguntarse cuándo fue la última vez que había sentido sus pezones tan erectos»). Paula se niega a que el nuevo perro, al que bautizan como Asp, pase por la incómoda cuarentena británica para mascotas. Seis meses de encierro, argumenta, equivalen a «cinco años o más» en la vida de un perro; aparentemente, los años caninos británicos se devalúan frente a los estadounidenses como la libra frente al dólar. El solución recae en Peter, un antiguo camarada de colegio de John, célebre por un récord imbatido: «el primer *wicket* contra Lancing»[37]. Libertino consumado, acepta sin reparos la misión de pasar al perro Asp de contrabando en su barco rumbo a Inglaterra.

---

37 *Nota del editor.* En el cricket, un *wicket* marca la eliminación de un bateador rival. La mención al «primer *wicket* contra Lancing» se refiere a un antiguo récord deportivo en un partido entre colegios, un guiño muy inglés al orgullo competitivo entre internados.

Portada del libro de Jack Ramsay, *The Rage*.

El desenlace no sorprende; una vez instalado en el apacible Abbotsfield, Asp enloquece. Pronto los cadáveres —caninos y humanos— empiezan a amontonarse. Al final de la novela, con más de una decena de personas muertas (incluida Paula) y buena parte de las mascotas del país sacrificadas, los vecinos secuestran a John, lo encierran en una mazmorra junto a un perro rabioso y esperan a que sucumba por las agonías de la enfermedad. Solo entonces lo sacan, lo devuelven a su casa... y le prenden fuego con él dentro.

Ese mismo año —1977— apareció en los estantes británicos otro *thriller pulp* sobre la rabia: *The Rage*.[38] Si en *Day of the Mad Dogs* los sermones patrióticos apenas asomaban, aquí golpean al lector sin disimulo. La protagonista es Emma, una niña de diez años e hija del corrupto funcionario Lambert Diggery, quien durante unas vacaciones en las Ardenas —con la decadencia británica flotando en el ambiente— se encariña con un perrito y lo contrabandea de vuelta a la Madre Inglaterra. (En un guiño tan torpe como mordaz, la niña pregunta a su padre por el déficit de la balanza comercial y, con sabiduría precoz, suspira: «No es manera de dirigir un país, ¿verdad?»). El desastre se desata enseguida. El perro muerde al caballo de Emma, que se desboca furioso durante una pintoresca yincana; luego muerde a la propia niña, que en los estertores de su locura —en un eco directo de Tea Cake— acaba mordisqueando el cuello de su madre. Finalmente, el animal ataca a dos zorros, el recurso narrativo imprescindible para infectar a los sabuesos durante una clásica cacería inglesa. Por si todo este *tableau* no fuese lo bastante aislacionista, la trama añade otra nota caricaturesca; descubrimos que Lambert Diggery, representante ante la Comunidad Económica Europea —antecesora de la actual UE—, anda tan embelesado con los encantos de

---

38 En medio de este episodio tan británico de histeria, aparece un curioso guiño estadounidense. En 1977, el escritor de terror Stephen King residió en Inglaterra, tiempo en el que redactó el primer borrador de *Cujo*, la novela de rabia más célebre de la literatura norteamericana. King ha repetido siempre que la chispa inicial le llegó al «leer en un periódico de Portland, *Maine*, la noticia de un niño pequeño salvajemente atacado y muerto por un san Bernardo». Y sin embargo cuesta creer que no estuviera, al menos de manera subconsciente, influido por el auge británico de ficciones rabiosas. Difícilmente habría podido ignorar la existencia de aquellos dos libros mientras vivió en Inglaterra, sobre todo porque el último de ellos, *The Rage*, llevaba un título casi idéntico al de una novela suya —*Rage*— publicada poco antes bajo su seudónimo, Richard Bachman.

Monique, una prostituta bruselense, que en paralelo facilita a sus cómplices el contrabando de heroína hacia suelo británico.

Como en *Day of the Mad Dogs*, el brote imaginado en *The Rage* podría haberse contenido sin dificultad, de no ser por una cadena grotescamente inverosímil de coincidencias. Un reportero intrépido logra localizar el cadáver del perro «cero», pero mientras conduce para entregar los restos a su jefe, su coche se estrella y estalla en llamas, consumiendo al joven y con él toda la evidencia. Más tarde, el propio jefe encuentra otro perro rabioso y lo encierra en el maletero de su automóvil; sin embargo, al ser detenido por conducción temeraria, la policía abre el maletero y permite al animal escapar.

Por disparatadas que resulten ambas novelas, iluminan un problema esencial ligado a la erradicación insular. Sus argumentos se sostienen en la idea de que las autoridades —tanto médicas como gubernamentales—, convencidas de que la rabia no puede representar ya una amenaza en Gran Bretaña, optarán por ignorar las evidencias de su reaparición. (Y lo deprimente es que este problema dista mucho de ser ficticio, como mostrará el capítulo ocho, dedicado a los intentos de controlar un brote de rabia en Bali, una isla que hasta entonces había estado libre de la enfermedad).

Así que no resulta extraño que la rabia figurara con tanta intensidad, casi dos décadas después, en la campaña contra el Eurotúnel. Los opositores apenas se dejaron convencer por el argumento de que la longitud del túnel —treinta y cinco millas sin fuente alguna de alimento— desorientaría a cualquier intruso de cuatro patas. Solo en parte quedaron tranquilos con el elaborado dispositivo de defensas diseñado por los arquitectos tras el revuelo; cercas de malla a prueba de animales, vigilancia permanente y barreras electrificadas —«alfombras paralizantes», según la ocurrencia más pintoresca— dentro del túnel. Poco antes de la apertura, los responsables de comunicación revelaron a la prensa que un zorro francés había puesto a prueba las defensas; su respuesta fue diplomática, pero dejó claro que la infortunada criatura no había llegado lejos. Y, aun así, el día de la inauguración en 1994, como ironizó Julian Barnes en *The New Yorker*, parecía que «detrás de Mitterrand y la Reina, mientras cortaban las cintas tricolores en Calais, se agolpaban manadas de perros de ojos desorbitados, zorros chisporroteantes y ardillas babeantes, todos esperando saltar al primer vagón hacia Folkestone y clavar los dientes en alguna «carne» de Kent».

Afortunadamente, después de casi veinte años de operación, la invasión de rabia de Gran Bretaña aún no se ha materializado. El animal rabioso más reciente en ser importado, sin saberlo, fue en 2008; no vino de Francia sino de Sri Lanka, por aire, y fue diagnosticado mientras aún estaba en cuarentena.

*   *   *

Dejando de lado el sensacionalismo, los occidentales ya no tienen grandes motivos para temer la rabia con la intensidad de antaño. Mientras tanto, muchas otras enfermedades zoonóticas —y las especies que las albergan— se perfilan para aterrorizar igualmente al mundo del siglo XXI. De los monos, por ejemplo, surge la viruela del mono, que en 2003 contagió a más de noventa estadounidenses tras la infección de un lote de perros de la pradera en una tienda de mascotas. La chikungunya y el dengue, dos males que circulan en poblaciones de primates pero se transmiten a través de mosquitos, han ido ampliando su alcance, en 2010, ya se detectó incluso la circulación de dengue en Miami. De los murciélagos provienen los formidables virus Hendra y Nipah, causantes de encefalitis con tasas de mortalidad superiores al 50 %. Nipah, quizá el más aterrador de todos, ya ha demostrado su capacidad de propagarse de persona a persona, en Bangladesh, un estudio sobre 122 casos humanos registró 87 muertes, más de la mitad por contagio directo entre humanos.

Más allá de estas intrusiones exóticas, seguimos librando cada año la batalla contra el patriarca de todas las zoonosis: la influenza. Sus mutaciones estacionales se llevan miles de vidas en todo el mundo y, cada cierto tiempo, asoma la amenaza de multiplicar esa cifra por cientos cuando surge una cepa especialmente virulenta. En 2009, fue la gripe porcina la que regresó con furia. Casi tres cuartos de siglo después de que Patrick Laidlaw y Richard Shope identificaran la influenza española como una enfermedad del cerdo, la cepa H1N1 infectó a decenas de millones de personas, convirtiéndose en la primera pandemia global reconocida oficialmente desde el VIH/sida. El saldo mortal fue modesto en comparación con otras pandemias, pero no por ello menor, más de catorce mil muertes confirmadas y muchas más sospechadas.

La gripe porcina reveló el increíble y persistente peso psicológico que tienen los orígenes animales en la manera en que percibimos las enfermedades. Una vez que se hicieron públicos los vínculos porcinos del brote, resultó imposible impedir que la opinión mundial la etiquetara como una «enfermedad de cerdos», pese a las advertencias reiteradas —«no, no se contagia comiendo cerdo»— con las que los gobiernos intentaban calmar a la población. Durante años, la convención había sido nombrar las cepas gripales por su país de origen, al estilo de la «gripe española»[39]. Pero aquel criterio resultó políticamente aún menos sostenible que el apelativo animal, funcionarios y comentaristas mexicanos reaccionaron con indignación ante los intentos de bautizar al H1N1 como «gripe mexicana», mientras que los cerdos, carentes de portavoces elocuentes, no tuvieron quien los defendiera. El nombre de «gripe porcina» terminó imponiéndose.

El mundo musulmán encajó la «porcinez» de la gripe porcina con especial susceptibilidad. En Afganistán, el único cerdo del país —Khanzir (Cerdo), residente en el zoológico de Kabul— fue puesto en cuarentena sin ceremonias. En los Emiratos Árabes Unidos, las tiendas retiraron de inmediato todos los productos porcinos de sus estantes y la importación de carne quedó suspendida en toda la región. Túnez llegó incluso a prohibir a sus ciudadanos realizar la peregrinación a La Meca, temiendo que pudieran regresar contagiados. Hubo, no obstante, un resquicio de humor; la gripe porcina sirvió de materia prima a caricaturistas de la prensa musulmana, que la aprovecharon como nueva excusa para zaherir a sus viejos adversarios —los israelíes, sospechosos habituales y compañeros en su repugnancia hacia el cerdo—. El diario *Al-Watan* de Qatar, por ejemplo, publicó una viñeta titulada «La gripe en Israel», donde una punta de la estrella de David se transformaba en la cabeza de un cerdo; menos de una semana después, repitió con «El proceso de paz», que mostraba a un árabe cirujano operando a un Israel dibujado como un

---

39 *Nota del editor.* El nombre de «gripe española» ha sido objeto de debate histórico. La pandemia de 1918 no se originó en España, pero fue en la prensa española donde se difundieron con mayor libertad las noticias sobre la enfermedad. A diferencia de los países beligerantes, España no estaba sometida a censura de guerra, por lo que los periódicos informaron con amplitud sobre los contagios, creando la falsa impresión de que el brote había comenzado aquí. De ese modo, la expresión «gripe española» se popularizó en todo el mundo, aunque desde el punto de vista histórico y científico resulta inexacta.

cerdo griposo. Esa misma semana, en los Emiratos, el rotativo *Al-Khalij* difundió otra viñeta, «La gripe del racismo», que añadía un hocico porcino al rostro del ministro de Exteriores israelí. Y poco después, un clérigo egipcio, el jeque Ali Osman, llevó la alegoría hasta su conclusión literal, declaró que los judíos eran la fuente de todos los cerdos y, por tanto, responsables del brote.

Egipto fue, de hecho, el escenario de la reacción más drástica a la pandemia, la matanza masiva de los 300 000 cerdos del país, pese a que en el momento del decreto no existía ni un solo caso documentado ni en cerdos ni en humanos. Aquellos animales eran la propiedad más preciada de la minoría cristiana copta; en El Cairo, los *zabaleen* —una comunidad devota de recolectores de basura— habían recurrido durante décadas a miles de cerdos carroñeros para deshacerse de los desechos de la ciudad. Pero en un país marcado por tensiones históricas entre musulmanes y cristianos, a menudo salpicadas de estallidos de violencia, resultaba difícil no interpretar aquella medida preventiva del gobierno como un acto de prejuicio disfrazado de política sanitaria.

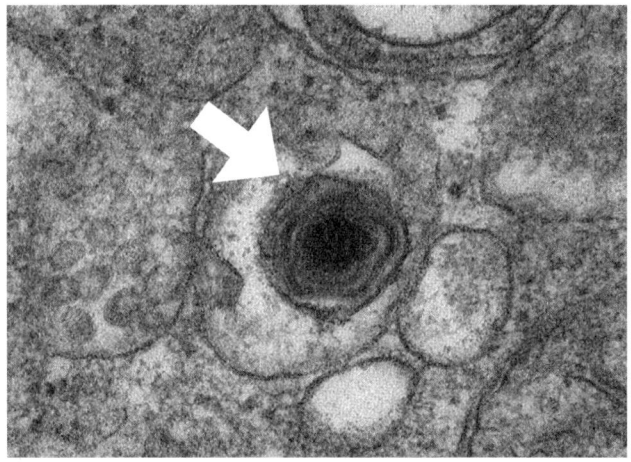

Microfotografía del virus de la peste porcina africana (VPPA). Imagen obtenida en el Plum Island Animal Disease Center (Departamento de Seguridad Nacional de EE. UU.), por Ben Clark. El virus, altamente resistente y contagioso, afecta a cerdos domésticos y jabalíes, provocando fiebre hemorrágica con una mortalidad cercana al 100 %. Representa una seria amenaza para la seguridad alimentaria mundial y la economía ganadera.

El cinismo parecía aún más justificado cuando salieron a la luz los métodos empleados en la matanza. Los funcionarios habían prometido un sacrificio humano, con degüello limpio y aprovechamiento de la carne. La realidad fue otra. Un periódico local, tras seguir un camión de animales confiscados, reveló escenas brutales. Trabajadores cargaban con palas mecánicas a los cerdos, que chillaban y se retorcían, los apilaban en un camión de volteo y los arrojaban en zanjas. Allí eran rociados con productos químicos y agonizaban durante media hora, hasta quedar sepultados bajo la cal viva. Otros vídeos clandestinos mostraban cerdos golpeados con barras metálicas en plena calle y lechones apuñalados hasta la muerte.

El cuadro parecía sacado de las calles decimonónicas de Londres o París, aunque con otra víctima en escena. Y obliga a reflexionar: por mucho que el progreso científico del último siglo haya combatido la superstición, nuestro trabajo detectivesco zoonótico —el descubrimiento, desde *Y. pestis* en 1894, de que la mayoría de nuestras enfermedades tienen un origen animal— ha abierto, en cierto modo, una caja de Pandora. Durante siglos soportamos oleadas de gripe sin buscar a qué criatura culpar por cada escalofrío. Hoy, en cambio, cada nueva cepa exige su chivo expiatorio, una especie distinta convertida en villana en titulares que preparan el terreno para castigos desproporcionados. Cuatro mil años después de las Leyes de Eshnunna, y más de un siglo tras la victoria de Pasteur sobre la rabia, seguimos impresionándonos ante la zoonosis y, como descubrieron los cerdos de El Cairo, aún somos capaces de responder con violencia histérica.

VII. LOS SUPERVIVIENTES

El doctor Rodney Willoughby, especialista en enfermedades infecciosas pediátricas del Hospital Infantil de Wisconsin, en Milwaukee, se
mostró escéptico cuando se enteró de que un posible caso de rabia iba
a ser transferido a su cuidado. «Era escéptico de que tuviera rabia»,
recuerda. «Porque eso nunca pasa».

Era octubre de 2004. La paciente: una atleta de instituto, quince
años, ingresaba con fatiga, vómitos, alteraciones visuales, confusión
y pérdida de coordinación. Willoughby pensó primero en otras causas más probables —una infección cerebral distinta, quizá una enfermedad autoinmune—, pero se aseguró de que las muestras necesarias
para descartar la rabia fueran enviadas al Centro para el Control y la
Prevención de Enfermedades (CDC) en Atlanta pocas horas después de
su llegada. Mientras tanto, la mantuvo en estricto aislamiento para proteger al personal de una posible exposición. El cuadro empeoró con
rapidez. La chica empezó a salivar en exceso y desarrolló espasmos
involuntarios en el brazo izquierdo. Pronto Willoughby se vio obligado
a sedarla e intubarla. Con el paso de las horas, se preparaba ya para lo
peor, la confirmación de un resultado positivo

El nombre de la chica era Jeanna Giese, y sus problemas habían
comenzado un mes antes, durante una misa dominical en la iglesia de
San Patricio en su ciudad natal de Fond du Lac, Wisconsin. Mientras
estaba sentada junto a su madre, Giese observó la pequeña silueta de
un murciélago de pelo plateado revoloteando contra las altas vidrie-
ras del santuario. Cuando el murciélago aleteó hacia la parte posterior
de la sala, un poco por encima de las cabezas de los fieles, un ujier que
estaba presente golpeó a la criatura. Giese decidió que lo sacaría fuera.

Con el permiso de su madre, se deslizó silenciosamente de su asiento y caminó hasta donde yacía el murciélago. Mientras lo levantaba por las puntas de sus alas, este chilló, pero aun así continuó con él hacia la puerta. Justo cuando se abría paso hacia el aire libre, el murciélago giró su cabeza y mordió a su buena samaritana en el dedo índice izquierdo.

Más tarde, Giese le enseñó la diminuta herida a su madre, quien se aseguró de que fuera limpiada a fondo. Nadie en la familia pensó en buscar tratamiento postexposición para la rabia. Pero después de que los síntomas aparecieran cuatro semanas después y Giese fuera ingresada en un hospital local, su madre mencionó la mordedura del murciélago al pediatra. Inmediatamente se hicieron los arreglos para el traslado de Giese al Hospital Infantil y al cuidado del doctor Willoughby.

Como la inmensa mayoría de médicos estadounidenses, Willoughby nunca había visto un caso de rabia antes. Telefoneó al CDC para preguntar si había algún tratamiento para la rabia —alguna terapia nueva prometedora, quizás, que hubiera sido intentada en un caso o dos pero aún no publicada en ninguna revista médica—. Pero no había lugar para el optimismo, jamás una persona había logrado sobrevivir a la rabia sin haber recibido, al menos, alguna dosis de vacuna antes de la aparición de los síntomas. Todos los tratamientos probados hasta la fecha habían fracasado y no había consenso sobre qué terapia debería intentarse en este caso. Aparte de los cuidados paliativos, la práctica estándar era usar terapia intensiva pero de manera puramente reactiva, tratando de controlar las peligrosas complicaciones de la rabia conforme surgían. Pero esto nunca había salvado a un solo paciente en la situación de Giese.

Willoughby, con menos de un día para formular un plan, comenzó buscando cualquier artículo reciente que insinuara un posible tratamiento. Ninguno apareció. «Me di cuenta de que no había nada nuevo», recuerda. Así que resolvió emplear el escaso tiempo del que disponía en repasar la neurociencia básica de la rabia. Según entendía —aunque la ciencia dista aún de haberlo establecido con certeza— era que la enfermedad no provocaba inflamación en el cerebro ni destruía las células densamente interconectadas que lo componen. En su lugar, parecía interferir en cómo se comunicaban entre sí, inhabilitando al cerebro para realizar funciones cruciales como controlar las actividades cardiovasculares y la respiración.

Willoughby vislumbró una idea inédita acerca de cómo sostener a un paciente frente a una infección de rabia. La solución, dice, mirando hacia atrás, «se escondía a plena vista». Se sentó en su ordenador y buscó en la literatura científica los términos «neurotransmisores rabia» y «neuroprotección rabia» y luego rápidamente trató de absorber los cincuenta artículos que devolvió su búsqueda. Mientras seguía leyendo, comenzó a permitirse esperar que incluso si se confirmaba que Giese tenía rabia, podría haber una manera de ayudarla a sobrevivir. «Con un poco más de lectura», dice, «me pareció que había una oportunidad real».

*   *   *

Willoughby había empezado a pensar en convertirse en médico cuando aún estaba en el instituto. Su abuelo materno era galeno, y a Willoughby le gustaba la ciencia, así que parecía una combinación natural. Cursó las asignaturas obligatorias mientras estudiaba en Princeton y aún sopesaba otras posibilidades; cuando ninguna resultó convincente, se matriculó en la facultad de medicina de Johns Hopkins.

Desde luego, no se hizo médico por un deseo ardiente de resolver el problema de la rabia en humanos. No es que ignorara lo espantosa que era la enfermedad. Durante gran parte de su infancia, la numerosa familia católica de Willoughby vivió en Perú, donde su padre trabajaba para una compañía petrolera estadounidense. Allí, su hermana pequeña fue mordida por un perro que defendía la casa de un amigo de la familia. La mordedura en sí no era especialmente grave, y si se hubiera comprobado que el perro permanecía sano durante la semana o dos siguientes, quizá no habría sido necesaria ninguna acción adicional. Sin embargo, poco después de este incidente, durante un robo, alguien arrojó carne envenenada por encima del muro de hormigón coronado con cristales rotos que rodeaba la propiedad del amigo, matando al perro. Dada la prevalencia de la rabia canina en Perú en aquel momento, la familia Willoughby actuó con prudencia y empezó a vacunar a la niña con el protocolo de Pasteur.

El propio Willoughby acompañaba a menudo a su hermana a la clínica para sus inoculaciones. Estaba claro que aquellas catorce inyecciones, administradas en los sensibles músculos de su pared abdominal, eran tremendamente dolorosas. Pero lo que las hacía aún más aterradoras era la manera brutal de la enfermera alemana que las dispensaba. «Frau Nurse le decía que se endureciera, y luego le clavaba la inyección en el vientre», recuerda. «La enfermera daba más miedo que las inyecciones».

Cuando Willoughby se graduó en Johns Hopkins, en 1977, la rabia humana se había vuelto sumamente rara en Estados Unidos. «Para los exámenes», recuerda, «solo necesitabas saber una cosa sobre la rabia: era mortal al 100 %». Se aprendió este hecho de memoria, aprobó sus pruebas y no pensó mucho más en la enfermedad durante años, incluso mientras continuaba su formación, primero en la Universidad de California en San Diego y luego de vuelta en Johns Hopkins. «Es tan rara en este país, solo unos pocos casos al año. Así que me figuré que nunca vería uno».

Willoughby acabaría especializándose en enfermedades infecciosas pediátricas, en investigación clínica. Su trabajo se centraría en enfermedades de gran impacto en el mundo en desarrollo, como el rotavirus —una infección diarreica común y a menudo mortal en niños— y la parálisis cerebral —que a veces puede desencadenarse por infección cerebral en niños pequeños—. En el camino, su formación lo expuso a muchos clínicos e investigadores brillantes. Le impresionó especialmente Richard Moxon, hoy catedrático de pediatría en Oxford, por la manera en que fomentaba un discurso científico abierto y colaborativo, hasta el punto de compartir extractos de ADN obtenidos con enorme esfuerzo en su laboratorio con investigadores rivales. «Esa clase de apertura para hacer avanzar el campo, incluso si no te beneficia personalmente, siempre ha sido inspiradora», dice Willoughby.

Había estado ejerciendo en el Hospital Infantil de Wisconsin apenas cinco meses cuando Jeanna Giese llegó a su cuidado. La noche de su ingreso era su segunda guardia. El tratamiento del primer paciente de rabia humana de Wisconsin en años resultaría ser una manera tan exigente como inesperada de conocer a sus nuevos colegas y de tender puentes entre distintas disciplinas pediátricas. Con la ayuda de su jefe, Michael «Joe» Chusid, Willoughby reunió un equipo diverso de clínicos muy talentosos: dos neurólogos, dos intensivistas, otro microbiólogo clínico y un anestesista. «Un montón de gente inteligente», resume Willoughby, «cada uno contribuyendo desde un ámbito distinto, pero indispensable, frente a un enigma que no dejaba de avanzar».

*　　*　　*

A las 4:30 de la tarde del segundo día de hospitalización de Giese, llegaron los resultados de laboratorio. Eran positivos para rabia, basados en la presencia de anticuerpos en sangre y líquido cefalorraquídeo. No se pudo aislar el virus en sus tejidos, pero, considerando sus antecedentes y los síntomas clínicos, la prueba de anticuerpos era evidencia suficiente. Una hora después, a las 5:30, los médicos se reunieron en el hospital para decidir su tratamiento.

Willoughby llevó a la reunión una propuesta inédita. La había concebido a partir de dos hallazgos publicados. Primero, que la rabia —aunque aún se discute— no parecía destruir las neuronas, sino dejarlas indemnes; y segundo, que el sistema inmunitario sí era capaz de montar una respuesta contra el virus. A su juicio, la rabia no mataba al cerebro directamente, sino que interrumpía la neurotransmisión, es decir, la comunicación entre células del sistema nervioso central. Al bloquear estas señales, la enfermedad impedía que el cerebro controlara funciones vitales como la respiración, la presión arterial o el ritmo cardíaco. Dichas funciones dependen del sistema nervioso autónomo, ese engranaje inconsciente y primitivo que sostiene la vida. Era al trastocar este sistema que la rabia terminaba por provocar un colapso circulatorio o la simple asfixia.

De ahí surgía la clave, el problema era una carrera contra el tiempo. La rabia empujaba al cerebro a apagar el cuerpo antes de que el cuerpo pudiera defenderse. Entonces, ¿y si inducían un coma? Si controlaban artificialmente la respiración y la circulación, podrían darle al sistema inmunitario la oportunidad de responder por sí mismo.

Willoughby presentó la idea con cautela, ofreciendo a sus colegas la opción de vetarla. «Lo planteé de modo que cualquiera pudiera rechazarlo», recuerda. «Si había una objeción clara, abandonaríamos el plan. Era tan obvio que parecía imposible que nadie lo hubiera intentado antes. Así que, si era dañino, alguien debía señalarlo». Nadie lo hizo. Media hora después, el grupo había dado su consentimiento.

Esa noche, Willoughby reunió a los padres de Jeanna, Ann y John, para comunicarles el diagnóstico y el sombrío panorama. Les expuso tres opciones: cuidados paliativos, que permitirían una muerte tran-

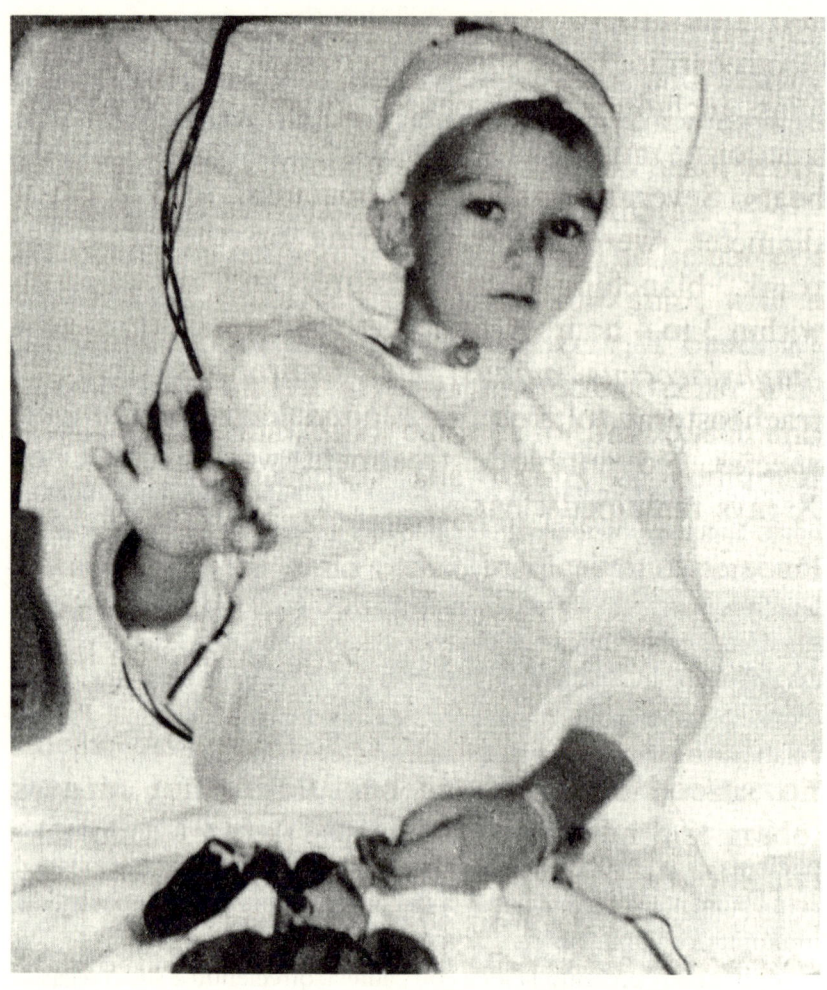

Fotografía de Matthew Winkler, el niño de seis años que sobrevivió a la rabia en 1970. Fue colocada por el Dr. Rodney Willoughby en la pared de la habitación de hospital de Jeanna Giese en 2004 como símbolo de esperanza. Giese, la primera paciente en sobrevivir a la rabia sin vacunación previa, fue tratada con el protocolo de Milwaukee, que incluía coma inducido y antivirales. La foto de Winkler—uno de los pocos supervivientes documentados antes de Giese—representaba la prueba de que la recuperación era posible, desafiando el pronóstico fatal de la enfermedad.

quila en casa; cuidados intensivos convencionales, que nunca habían salvado a un paciente sin vacunar, o el plan experimental. Los Giese eligieron sin dudar la tercera alternativa. Aun reconociendo el riesgo, expresaron que, aunque su hija no sobreviviera, el intento podría salvar a otros en el futuro. Pero también se aferraban a la esperanza: «Alguien tiene que ser la primera persona en lograrlo», pensó John. «Jeanna será esa persona».

En los días que siguieron, la joven permaneció inmóvil en su habitación, sostenida por monitores y el soplido constante del ventilador mecánico. Una infusión de ketamina mantenía su inconsciencia; Willoughby la eligió porque un estudio en ratas de 1992 había mostrado cierto efecto antiviral contra la rabia. Complementó su acción con amantadina, un antiviral de mecanismo similar pero afinidad distinta en el cerebro. Para atenuar los efectos de la ketamina y garantizar el coma profundo, administró midazolam —pariente del Valium— y, de forma intermitente, barbitúricos. Al segundo día, siguiendo las recomendaciones del CDC, añadió ribavirina, un agente de amplio espectro utilizado en la hepatitis C. Nunca antes se había aplicado un régimen semejante en un paciente con rabia. La atmósfera en la planta del Hospital Infantil de Wisconsin se cargó de tensión. Jeanna dormía imperturbable mientras las enfermeras la vigilaban sin descanso.

*　*　*

En la UCI pediátrica, sobre la cama de Giese, Willoughby había colgado una fotografía borrosa en blanco y negro. Mostraba el rostro luminoso de un niño de seis años en otra cama de hospital, lejos de Milwaukee tanto en el espacio como en el tiempo. Era Matthew Winkler, cuya recuperación de la rabia —el primer caso documentado científicamente de supervivencia— había sido publicada en 1972.

La historia de Winkler comenzó a las 10 de la noche del 10 de octubre de 1970, cuando su sueño se interrumpió por un dolor intenso en el pulgar izquierdo. Despertó para encontrar un murciélago aferrado con fuerza a su dedo. Los gritos despertaron a toda la granja de Willshire, en Ohio, y su padre acudió de inmediato a arrancar al animal. Quedaron dos heridas sangrantes, limpiadas a conciencia por la familia. Al día siguiente, el murciélago fue enviado al Departamento de Salud de Ohio, que confirmó rabia en su cerebro. El 14 de octubre, tras conocerse los resultados, el médico de familia inició un curso de catorce días con la vacuna de embrión de pato, aunque omitió la inmunoglobulina, ya habitual entonces como refuerzo inmediato de la vacuna.

El 30 de octubre, dos días después de concluir el tratamiento, Winkler empezó a quejarse de dolor en el cuello. Le siguieron fiebre, vómitos, mareos y pérdida de apetito, sin mejoría con tetraciclina oral. Fue remitido a pediatras en Lima, Ohio, que lo ingresaron en el hospital St. Rita el 4 de noviembre.

Su estado empeoró rápidamente, el aplicado estudiante de primero se volvió descoordinado, testarudo, incapaz de caminar, escribir o hablar. El lado izquierdo de su cuerpo quedó debilitado y el pulgar mordido se tensó en una rígida flexión. La presión intracraneal exigió un catéter de drenaje; sufrió arritmias, insuficiencia respiratoria —resuelta con traqueotomía y oxígeno—, convulsiones en su costado izquierdo y una erupción cutánea. Sumido en coma, inconsciente de aquella ordalía.

Aunque el virus no se aisló ni en su piel, saliva o cerebro, se hallaron altos niveles de anticuerpos antirrábicos en su suero y en el líquido cefalorraquídeo, algo esperable en una infección natural. Cualquier diagnóstico diferencial fue descartado, y la conclusión fue inequívoca, rabia clínica. Su pronóstico, muy sombrío.

Pero, tras días inmóvil, el niño empezó a mejorar. Primero pudo sentarse con ayuda; el 30 de noviembre ya se sostenía solo e intentaba emitir sonidos. El 1 de diciembre pronunció su primera palabra reconocible y, para el 7, caminaba unos pasos, aunque su lado izquierdo seguía afectado. Tras semanas de fisioterapia y logopedia, los médicos lo declararon recuperado. El 21 de enero de 1971, coincidiendo con su séptimo cumpleaños, fue dado de alta. En la revisión de mayo no presentaba secuelas neurológicas.

En su informe de 1972, los médicos dirigidos por Michael A. Hattwick barajaron tres factores en la supervivencia; las vacunas administradas antes de los síntomas, aunque no se conocían precedentes de éxito tras un fallo vacunal; la posibilidad de que la cepa fuera poco virulenta, aunque las pruebas apuntaban lo contrario y los cuidados intensivos avanzados del St. Rita's, como la traqueotomía, el drenaje ventricular, los anticonvulsivos y la atención de enfermería. «Como ningún antiviral probado es eficaz tras el inicio de los síntomas», concluyeron, «el tratamiento debe depender de cuidados de apoyo agresivos. Ahora sabemos que tales cuidados pueden curar».

Dos años después se registró otro caso de supervivencia. Una argentina de 45 años mordida por su perro —el can enfermó y murió poco después—. La mujer comenzó la vacunación postexposición con retraso y ya mostraba síntomas al completarla, pero su estado mejoró lentamente bajo cuidados intensivos, hasta alcanzar en 1973 lo que sus médicos llamaron una recuperación «casi completa».

Posteriormente, se documentaron tres recuperaciones parciales en pacientes vacunados. Un trabajador de laboratorio de Nueva York expuesto por inhalación, un niño de nueve años en México mordido en la cara y una niña de seis años en India atacada por un perro callejero. Todos sobrevivieron, pero con secuelas permanentes, desde ceguera y tetraplejía hasta daño cerebral severo.

Los cinco supervivientes documentados entre 1972 y 2002 tenían un rasgo común, habían recibido al menos parte de la vacuna antes del inicio de los síntomas. Pero, por cada caso así, muchos más murieron a pesar del tratamiento. Y para los no vacunados, hasta entonces, no había un solo precedente de supervivencia.

*   *   *

Después de siete días en coma, se tomaron muestras de sangre y líquido cefalorraquídeo de Jeanna Giese; revelaban un marcado aumento de anticuerpos contra el virus de la rabia en comparación con los análisis del primer día. Su cuerpo estaba contraatacando, llevando la defensa inmunitaria directamente a su asediado sistema nervioso central. Con esta alentadora noticia, los médicos comenzaron a retirar gradualmente los anestésicos. Willoughby observó el retorno de la conciencia con expectación y temor, no podía prever el desenlace. La literatura médica había descrito casos de supervivencia en animales no vacunados, recordaba irónicamente, «pero en estudios con animales, cada vez que consigues un superviviente, lo sacrificas».

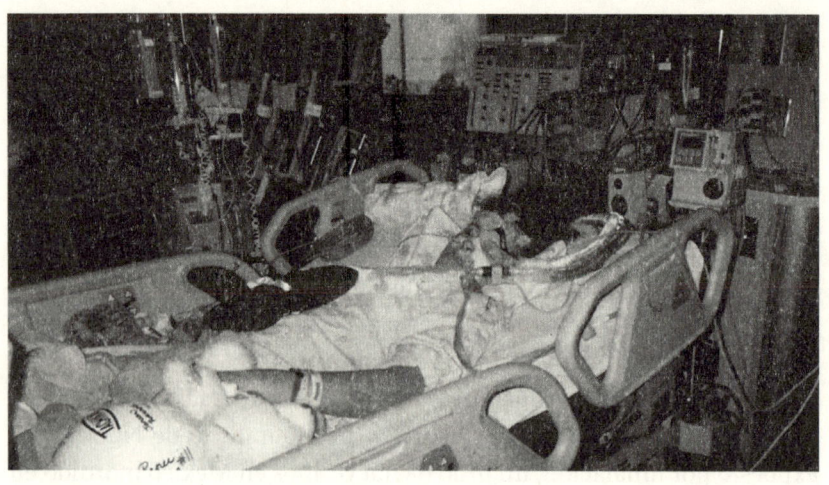

Jeanna Giese lucha por sobrevivir en el hospital [Archivo Jeanna Giese].

Tras la retirada de la ketamina, el electroencefalograma mejoró, pero en el examen físico lo único evidente fue la recuperación de la respuesta pupilar a la luz. No había otros reflejos, las extremidades yacían flácidas. Willoughby se inquietó: «Oh Dios, creé una prisión» —aludiendo al estado en el que alguien permanece consciente pero incapaz de comunicarse o moverse —. «Era lo peor que podía pasar».

La posibilidad de que Giese sobreviviera a la rabia y quedara gravemente discapacitada atormentaba al médico y a la familia. Pero sus progresos, aunque lentos, mantenían viva la esperanza. Tres días después de suspender la anestesia, su pierna inferior volvió a responder al martillo de reflejos; dos días más tarde recuperó el movimiento ocular; poco después levantaba las cejas en respuesta al habla, y días después comenzó a mover los dedos de los pies y a apretar manos obedeciendo órdenes. «Cada día había algo nuevo, era simplemente milagroso», recordaría Willoughby.

Quedaba claro que Jeanna respondía a su entorno, pero se necesitaba una prueba más rotunda. Para comprobar si reconocía un rostro familiar, Willoughby y Ann Giese se retiraron las mascarillas protectoras y se situaron juntos a la cabecera. Los ojos de Jeanna, abiertos por el médico, vacilaron un instante entre ambos y se fijaron en su madre. Estaba allí, presente. La recuperación avanzó con pasos pequeños pero constantes. Tuvo que recuperar su capacidad de mantenerse despierta, la capacidad de atención y la facultad de expresar pensamientos y emociones. Solo de manera gradual volvió a dominar su cuerpo, alto y desgarbado: gestos, movimientos, expresiones, deglución y habla debieron ser reaprendidos. Tras un mes en aislamiento, fue trasladada a rehabilitación intensiva hospitalaria durante varias semanas más.

El 1 de enero de 2005, Jeanna abandonó el hospital y regresó a Fond du Lac en silla de ruedas, empujada por su padre y acompañada por su madre y hermanos. Las cámaras locales captaron la escena; una figura adolescente, encorvada y frágil, abrazando un perro rubio de peluche. Le esperaban casi dos años de fisioterapia intensiva para recuperar lo esencial para la vida diaria. Tuvo que aprender a gatear, luego a ponerse en pie, después a caminar. En un video grabado semanas después, se la ve luchando por pronunciar palabras muy sencillas y enfrentándose a movimientos involuntarios, sobre todo en el brazo izquierdo, que parecía actuar por su cuenta.

Un segundo video, filmado poco más de un año después, mostraba un panorama muy distinto. Giese se veía más segura; apenas persistía un ligero arrastre en el habla o una torpeza ocasional al andar. Aunque no había recuperado la zancada atlética de una deportista de tres disciplinas, caminaba y corría con comodidad. Y los progresos continuaron. En 2011 se graduó en Biología por el Lakeland College, con un proyecto sobre una enfermedad fúngica que afecta a los murciélagos norteamericanos.

Como la primera persona en el mundo que sobrevivió a la rabia sin vacunación previa, Jeanna se reconoce como una figura pública en la lucha global contra la enfermedad. En su canal de YouTube publica videos caseros para «demostrar la importancia de ser consciente de la rabia», y mantiene en Facebook la cuenta «Jeanna Rabies-survivor Giese».

* * *

¿Cómo pudo Jeanna Giese sobrevivir? Un año después de su alta, Willoughby y siete colaboradores publicaron en el *New England Journal of Medicine* un artículo en el que señalaron varios factores que pudieron haber jugado a su favor: su juventud, su condición atlética y el hecho de que la exposición se limitó a una punción superficial en una extremidad. También reconocieron que, dado que nunca se recuperó antígeno viral ni de sus tejidos ni del murciélago atacante, era posible que Giese hubiera contraído una cepa atenuada de rabia. El informe agitó a la pequeña comunidad internacional de expertos, la noticia fue recibida con una mezcla de esperanza y escepticismo.

Fuera de los laboratorios y las clínicas de referencia, la realidad es más cruda. Médicos de primera línea en hospitales grandes y pequeños, ricos y pobres, se enfrentan a la desesperada pregunta de qué hacer cuando un paciente llega con signos clínicos de rabia. Como descubrió Willoughby en las horas de incertidumbre antes del diagnóstico de Giese, las opciones eran —y siguen siendo— las mismas: lo que ya ha fracasado o lo que aún no se ha probado. Por eso, en los últimos años, varios médicos comenzaron a ensayar la arriesgada estrategia de Willoughby. Hoy conocida como el *protocolo de Milwaukee*, la inducción de coma en pacientes con rabia resulta tentadora cuando no hay ninguna otra terapia con un historial siquiera anecdótico de éxito.

A diferencia de los tiempos de Pasteur, la colaboración médica ya no exige compartir un mismo techo. A través de un sitio web del Colegio Médico de Wisconsin, los galenos pueden descargar el protocolo completo y una lista de verificación para seguir el tratamiento, además de registrar los resultados de sus propios casos. Willoughby insiste en analizar estos datos con la máxima cautela, aplicando el principio de «intención de tratar». Cuenta como intentos incluso aquellos en los que el protocolo se aplicó de forma incompleta —por falta de algún fármaco o equipo esencial, por interrupción temprana a petición de la familia, o por aplicarse a pacientes inmunodeprimidos, como receptores de trasplantes infectados vía órganos donados—.

Según este criterio, el protocolo de Milwaukee se ha aplicado unas sesenta veces y ha producido al menos seis supervivientes, entre ellos Jeanna. Cuatro no se recuperaron con la misma fortuna, uno murió de neumonía antes de recuperar sus facultades, y tres quedaron con graves secuelas neurológicas. Pero el caso más reciente —al menos hasta el momento de escribirse estas líneas— fue también el más alentador.

En 2011, Precious Reynolds, una niña wiyot de ocho años de Willow Creek, en el norte montañoso de California, fue diagnosticada inicialmente de «gripe» en el hospital local. Su abuela, Shirlee Roby, sospechó de inmediato: «Esto no es una maldita gripe», exclamó, y la niña fue trasladada en avión más de trescientos kilómetros hasta el Hospital Infantil UC Davis. Semanas antes, Precious —luchadora competitiva desde los cuatro años— había forcejeado con un gato callejero cerca de su escuela primaria. Pruebas de anticuerpos en suero y líquido cefalorraquídeo confirmaron el diagnóstico de rabia, y se activó el protocolo de Willoughby.

Reynolds permaneció en coma algo más de una semana, con su abuela siempre a su lado. «Le dije que tenía que ponerla [la rabia] en la lona y sujetarla con una media Nelson», relató Roby a los periodistas. «Y por Dios, lo hizo». Tras cincuenta y tres días de hospitalización —la mayoría en rehabilitación— Precious fue dada de alta en junio de 2011. Salió cojeando levemente, apoyada en un soporte ortopédico decorado con mariposas en el tobillo derecho. Para el verano ya jugaba y nadaba con sus hermanos y primos; en agosto ganó 23 dólares en un concurso de *mutton bustin* —una carrera infantil en la que los participantes se aferran a una oveja desbocada.

En una revisión en UC Davis a principios de 2012, Precious correteaba alegre por los pasillos de la UCI pediátrica. El soporte con mariposas era el único vestigio visible de su encuentro con la rabia. Ella misma recuerda poco de la fase crítica de la enfermedad, pero se divierte al escuchar a médicos y enfermeras confesar que nunca imaginaron que sobreviviría. Para ella, la vida volvió a ser lo que era: juega al fútbol, compite en lucha libre, rinde bien en la escuela y sigue amando a los animales. «No me gustan los gatos», aclara, «pero todos los demás, sí».

* * *

Más allá de Jeanna Giese, la tasa de éxito del protocolo de Milwaukee es desconcertantemente baja. De los otros treinta y cuatro intentos registrados a fecha de escribir este libro, solo cinco resultaron —y no todos con la plena recuperación de Precious Reynolds—. Los críticos sostienen que el protocolo debería abandonarse. Señalan que incluso los supuestos «éxitos» no prueban nada; la recuperación podría haberse debido a otros factores. Citan, por ejemplo, el caso de Reynolds, cuyo gato atacante nunca fue capturado ni examinado, dejando abierta la posibilidad de otro diagnóstico. También recuerdan el caso, hoy bien documentado, de un niño brasileño que sobrevivió a la rabia sin haber recibido nunca el protocolo.

En 2008, Marciano Menezes da Silva, un niño de Recife, fue mordido en el labio por un murciélago. Ocho días después, su familia acudió a una clínica, pero se les dijo que el plazo para la vacunación profiláctica había pasado. Veintiocho días después del ataque, Marciano desarrolló fiebre y un comportamiento extraño. Diagnosticado erróneamente primero con meningitis y luego con otra enfermedad, no recibió un diagnóstico correcto de rabia hasta haber estado enfermo durante una semana. Para entonces, los médicos creyeron que era demasiado tarde para inducir un coma y optaron por un tratamiento paliativo intensivo con antipiréticos, anticonvulsivos, sedantes, antiinflamatorios, ventilación mecánica y alimentación enteral. Tras veintiséis días en este régimen, el niño comenzó a mejorar y acabó recuperándose por completo. Hoy es un adolescente sano y buen estudiante.

A diferencia de supervivientes anteriores, Marciano no recibió ninguna vacuna ni fue sometido al protocolo. Además, su recuperación llegó tras un curso neurológico prolongado, cuando muchos médicos habían perdido la esperanza. Su caso sugiere que el sistema inmunitario humano puede, en circunstancias excepcionales, superar la rabia sin intervenciones extraordinarias. De ahí que algunos críticos se pregunten si el protocolo, con los riesgos inherentes del coma inducido, debería aplicarse.

Willoughby admite estas objeciones, pero defiende su enfoque. «Estoy abierto a estudiar los datos», declaró en 2009. «Si pudiera demostrarse que no hacer nada es tan eficaz como el protocolo de Milwaukee, no haría nada». Recuerda que, aunque imperfecto, el balance sigue siendo mejor que la mortalidad histórica del 100 %. Respecto al caso de Marciano, no ve contradicción. Sostiene que, de haber contado con el protocolo, quizá la enfermedad del niño habría sido más breve y menos penosa para su familia. «Tuvieron que verlo enfermo durante un mes», señaló. «No es algo divertido».

Que seis de treinta y cinco pacientes hayan sobrevivido con el protocolo puede parecer poco, pero es estadísticamente llamativo frente al 100 % de mortalidad histórica. Pese a ello, la comunidad médica sigue siendo, en gran medida, escéptica. En su publicación original, Willoughby anunció su intención de probar sus hipótesis en modelos animales, especialmente la idea de que la rabia mata a través de un mecanismo de «excitotoxicidad» cerebral —una sobrestimulación de las neuronas que interrumpe sus funciones sin destruirlas—. Pero, seis años después, esos estudios aún no se habían realizado. La razón, admite, es económica, carece de fondos y los pocos recursos disponibles en investigación sobre rabia se destinan a grupos que no comparten su hipótesis.

De los seis casos exitosos del protocolo, ninguno salvo el de Jeanna ha sido publicado en revistas científicas. Willoughby ha declinado hacerlo por su cuenta, argumentando que corresponde a los clínicos responsables de cada caso. En contraste, al menos dos fracasos sí se han publicado —y con comentarios duros—. Uno ocurrió en Bangkok, en el Hospital Memorial Rey Chulalongkorn, donde el microbiólogo Thiravat Hemachudha, ya crítico con el protocolo, documentó el caso de un hombre de treinta y tres años y concluyó tajantemente: «No hay base científica creíble para usar coma terapéutico en la rabia, y los riesgos de esta terapia son sustanciales».

El crítico más influyente es Alan Jackson, experto en rabia de la Universidad Queen's en Ontario. Desde el principio, advirtió contra el entusiasmo en torno al caso Giese. En un editorial publicado junto al informe original en el *New England Journal of Medicine*, señaló: «La inducción de coma no ha demostrado beneficios terapéuticos en la rabia ni en otras infecciones del sistema nervioso central. Es improbable que en el futuro se confirme como un enfoque eficaz». Su argumento central es que todos los supervivientes, incluido el de Jeanna, presentaban ya anticuerpos neutralizantes detectables al ser diagnosticados. Eso, según Jackson, sugiere que la clave de la supervivencia reside en una respuesta inmune innata robusta, más que en el protocolo mismo.
—El argumento de Jackson plantea una posibilidad tentadora, apenas insinuada en los márgenes de la literatura médica anterior a Pasteur, que unos pocos y raros pacientes de rabia podrían sobrevivir sin intervención alguna. Sabemos que en animales esto ocurre ocasionalmente, el propio Pasteur documentó el caso de un perro inoculado con virus de la rabia que desarrolló síntomas neurológicos y, contra todo pronós-

tico, se recuperó. Desde entonces, la supervivencia ha sido registrada en otras especies —burros, zorros, murciélagos, ratas, ratones y cobayas.

El caso de Jeanna Giese reabre la pregunta: ¿podría lo mismo suceder en humanos? Durante más de un siglo, revistas médicas han reportado casos aislados de supuesta supervivencia. Un médico del siglo XIX aseguró en *The Lancet* haber curado la rabia inyectando agua en las venas de un paciente. A mediados del siglo XX, otros describieron recuperaciones tras transfundir suero de personas recién vacunadas. Un artículo de 1972 llegó a contabilizar nueve casos reportados entre 1875 y 1968. También se hallaron anticuerpos contra la rabia en veterinarios no vacunados y en espeleólogos. Pero, como la mayoría de estos informes antecede a las pruebas modernas, siempre ha existido la sospecha de que muchos de esos pacientes quizá nunca padecieron rabia, sino otra enfermedad real o imaginada.

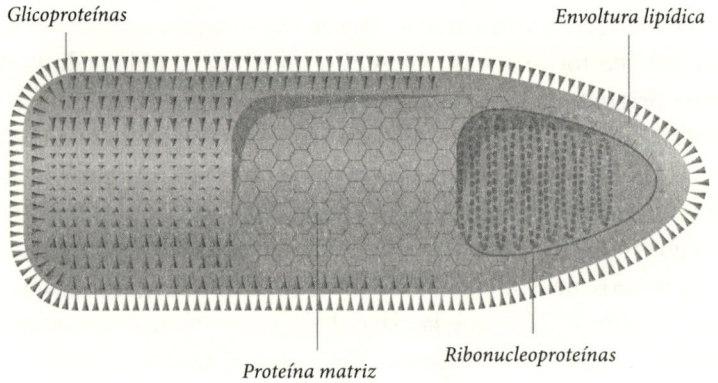

Glicoproteínas

Envoltura lipídica

Proteína matriz

Ribonucleoproteínas

Estructura esquemática del virus de la rabia [Shutterstock/Gritsalak Karalak].

En 2010, el *Morbidity and Mortality Weekly Report* del CDC publicó lo que podría ser otro ejemplo de supervivencia espontánea. En febrero de 2009, una adolescente de 17 años ingresó en un hospital de Texas con dolores de cabeza intensos, fotofobia, vómitos, mareos y hormigueo en cara y brazos. Estaba febril y desorientada, con rigidez de cuello compatible con inflamación meníngea. Un escáner cerebral no mostró anomalías, pero su líquido cefalorraquídeo reveló signos de inflamación. Tras tres días en el hospital, los síntomas remitieron y fue dada de alta.

De vuelta en casa, las cefaleas reaparecieron con mayor intensidad. El 6 de marzo acudió a otro hospital, donde además de los dolores de cabeza y la fotofobia sufría mialgias en cuello y espalda. Esta vez, los estudios de imagen y el análisis de líquido cefalorraquídeo reforzaron la sospecha de encefalitis. Fue transferida a un hospital pediátrico terciario, donde recibió antivirales, antibióticos y fármacos antituberculosos mientras los médicos buscaban la causa.

El 10 de marzo, al ser presionada por los médicos, la joven recordó un episodio dos meses antes. Durante un campamento, había entrado en una cueva y sentido murciélagos chocando contra su cuerpo en la oscuridad. No recordaba mordeduras ni arañazos, y nunca había sido vacunada contra la rabia. Al día siguiente, en el CDC confirmaron la presencia de anticuerpos contra la rabia en sangre y líquido cefalorraquídeo —evidencia sólida de infección—.

El 14 de marzo recibió la vacuna y tratamiento con inmunoglobulina. Permaneció hospitalizada hasta el 22, bajo cuidados de apoyo básicos. Acudió en dos ocasiones a urgencias tras el alta, quejándose de dolores de cabeza recurrentes; en su última visita, el alivio llegó con una punción lumbar. Después, se perdió el contacto clínico con ella. El caso sigue en suspenso, pero queda registrado como una posible supervivencia no vacunada y sin protocolo de Milwaukee, un hallazgo que, de confirmarse, sería histórico.

* * *

¿Tiene razón Willoughby al pensar que el protocolo de Milwaukee, perfeccionado con el tiempo a través de usos repetidos, podría llegar a convertirse en un tratamiento eficaz —capaz de transformar la rabia de una condena de muerte en una enfermedad con altas probabilidades de supervivencia—? ¿O lleva razón Alan Jackson al sostener que unos pocos individuos excepcionalmente afortunados están, por naturaleza, predispuestos a resistir y superar la enfermedad por sí mismos? Solo años de experimentación podrán responder a estas preguntas definitivamente. Mientras tanto, podemos estar de acuerdo con la evaluación del doctor Rupprecht, allá en 2008, cuando advirtió tanto a partidarios como a detractores del protocolo que «necesitamos centrarnos más en la prevención». El protocolo proporciona esperanza para pacientes ya infectados, observó, pero «las probabilidades de salir sin déficits neurológicos son remotas, incluso con el mejor cuidado». Años después, a pesar del emocionante éxito de Reynolds, este juicio aún tiene valor. Es imposible imaginar que los países en desarrollo tuvieran alguna vez los recursos para desplegar terapia de coma controlado en más que una fracción diminuta de las más de cincuenta mil personas que actualmente mueren de rabia cada año. En contraste, es sorprendentemente rentable para esos países prevenir la rabia, a través de la vacunación masiva de perros.

En nuestro próximo y último capítulo, consideramos los entresijos de la vacunación canina pero en el contexto dramático de una crisis del mundo real, un brote en la turística isla de Bali, que hasta 2008 había estado completamente libre de rabia.

8. LA ISLA DE LOS PERROS LOCOS

Al retroceder hasta el origen —más allá de las decenas de balineses muertos por rabia, de los miles de perros brutalmente sacrificados y del frío rastro de quién mordió a quién— lo más probable es que todo comenzara con el perro de Thomas Aquino. En mayo de 2008, Aquino y un amigo, conocido solo como Freddy, zarparon desde su isla natal de Flores rumbo a Bali, a unas cuantas centenas de millas al este por la vía que une Singapur con Australia. Como tantos viajeros de aquellas aguas, llevaban un perro a bordo; compañía que protege al marinero tanto de los piratas como de las amenazas espirituales. Los misterios animistas de la fe hindú se extienden más allá de las icónicas playas hacia las profundidades del mar de Bali.

Durante toda la historia conocida, la isla había estado libre de rabia y la ley solo permitía introducir perros procedentes de territorios igualmente indemnes. Esa normativa, sin embargo, vigilada en el aeropuerto, se desvanecía en los desembarcos costeros. Allí los perros descendían de ferris, yates o barcos pesqueros sin ningún control. Se mezclaban con los del puerto, donde los vagabundos —escasos en Bali, donde más del 95 % de los animales tiene dueño— merodeaban en pequeñas manadas alimentadas por turistas. Los balineses, por su parte, apenas les prestaban atención, la costumbre es fijarse solo en los perros propios, y a veces ni eso.

La llegada del perro de Aquino —que incubaba silenciosamente en su sistema nervioso la semilla de una epidemia— pasó inadvertida para todos. El animal y sus dueños se instalaron en Ungasan, en la árida península de Bukit, esa cabeza de martillo que se proyecta al sur de Bali. Allí, en viviendas compactas y apiñadas, convivían familias hin-

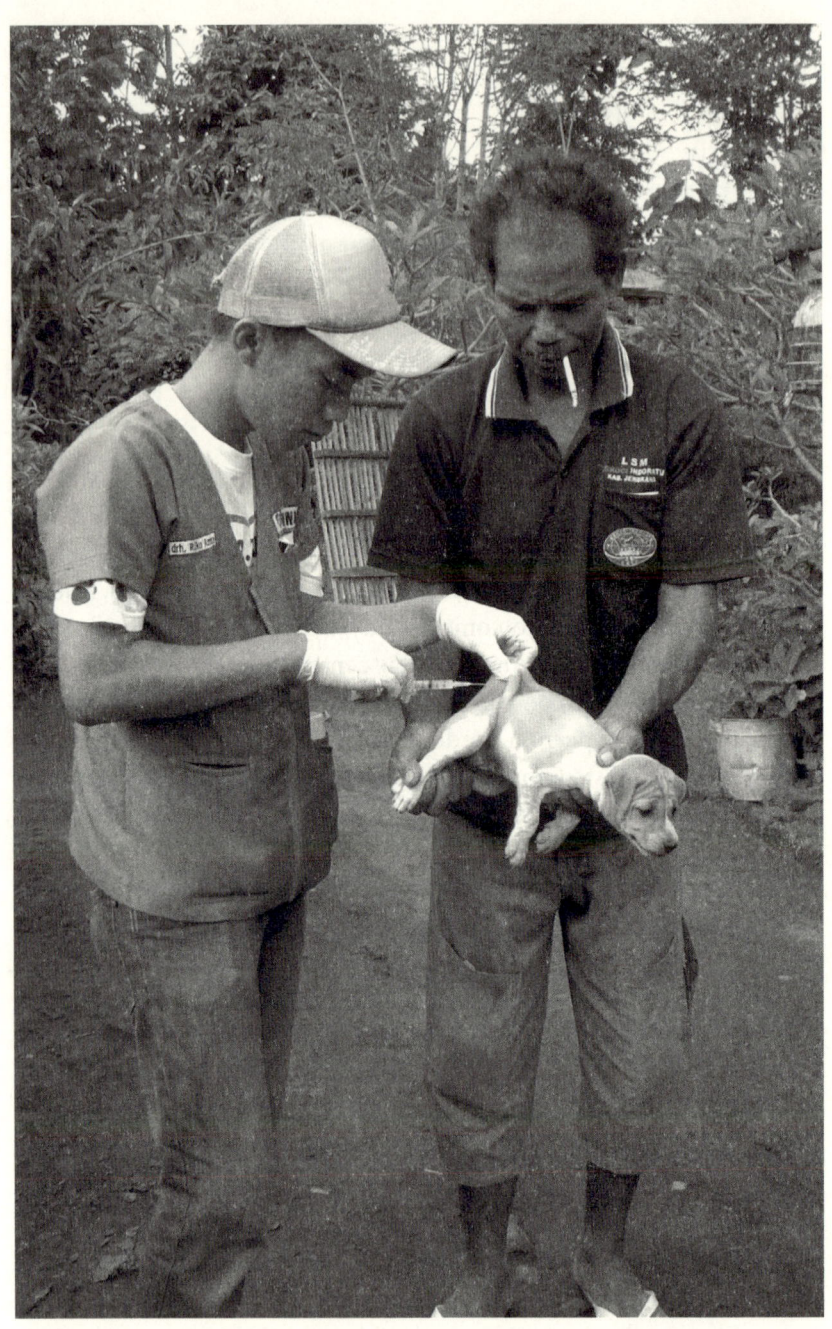

Campaña de vacunación en Jembrana, Bali (2010).

dúes y musulmanas, migrantes internos y recién llegados de otras islas, atraídos por el boom turístico. Bukit prosperaba gracias al desarrollo de *resorts* de lujo —InterContinental, Four Seasons, Ritz-Carlton, Orient-Express— que alimentaban un crecimiento explosivo de población y empleo.

Dos meses después de su llegada, el perro mordió tanto a Aquino como a Freddy. Poco después, un niño de tres años, Ketut Tangkas, fue atacado por su propio perro, súbitamente enloquecido. En septiembre, la rabia se cobró su primera víctima humana, Putu Linda, una mujer de 46 años del pueblo. La prueba postmortem confirmó el diagnóstico, pero las autoridades sanitarias tardaron más de dos meses en reaccionar.

En octubre, otro niño de Ungasan, Muhammad Oktav, también de tres años, fue mordido en la cara por un perro vagabundo. Su madre lo llevó al hospital y pidió la vacuna antirrábica, pero los médicos se negaron, teóricamente Bali estaba «libre de rabia». Suturaron la herida y lo enviaron a casa. El niño pareció mejorar, hasta que un mes después enfermó con escalofríos y el característico espasmo de la hidrofobia; murió en dos días. Hicieron falta dos muertes más en Ungasan para que el 30 de noviembre de 2008 —seis meses después de que Aquino y su perro tocaran tierra— el gobierno admitiera por primera vez que la rabia había llegado a Bali.

Un solo perro rabioso se había convertido en muchos. Y con vidas humanas en juego, ningún perro podía considerarse fiable. Sin medios de detección temprana, la epidemia solo fue reconocida cuando la acumulación de muertes humanas hizo imposible seguir negándola. El desafío para las autoridades era ahora contener el brote en esa región antes de que se extendiera al resto de la isla.

* * *

Salvo una revolución milagrosa en el terreno de las vacunas, por un lado, o una obliteración casi total de los animales por el otro, la guerra mundial contra la rabia nunca podrá darse por ganada. Islas aisladas como Bali o Gran Bretaña pueden concederse un respiro, al menos durante un tiempo. Pero en los grandes continentes, incluso en países como Estados

Unidos, donde la enfermedad está en gran medida controlada, los reservorios salvajes siguen demasiado apartados —ya sea por la distancia geográfica o por su conducta huidiza— como para erradicar al enemigo. Y aun si se lograra purgar la rabia de todos los cuadrúpedos terrestres, quedaría el problema de los murciélagos, que portan cepas propias del virus y, en la práctica, no pueden controlarse con una aguja.

La gran división en el control mundial de la rabia está entre las naciones que han conseguido eliminarla en perros y aquellas que no. Esa línea, conviene subrayar, no coincide exactamente con la frontera entre ricos y pobres. Brasil, por ejemplo, donde la rabia transmitida por murciélagos sigue campando a sus anchas, ha logrado reducir los casos caninos mediante vacunación masiva, limitando las muertes humanas a menos de diez al año desde 2006. Kazajistán, con una población diez veces menor y un ingreso per cápita similar, registra cifras mucho más altas. El protagonismo del perro se explica no solo por su convivencia íntima con nosotros, sino porque el virus parece haber encontrado en él a su huésped perfecto —alcanza en la saliva canina concentraciones raramente observadas en otros animales—. La rabia coevolucionó para instalarse en el perro, y el perro para vivir con el ser humano. Esa carambola a tres bandas resulta explosiva. Según el CDC, las mordeduras de perro siguen siendo responsables del 90 % de las exposiciones humanas a rabia en todo el mundo y de más del 99 % de las muertes.

La pobreza y sus secuelas —corrupción, desorden social, sistemas de salud frágiles— explican buena parte de por qué Asia y África son los continentes más castigados. Si controlar la rabia equivale, en cierto modo, a mantener sanos a los perros, entonces ese esfuerzo actúa como un termómetro del orden civilizado. Las poblaciones de perros vagabundos —y con ellas la rabia— florecen donde el Estado se ha desmoronado. En las antiguas repúblicas soviéticas, por ejemplo, la rabia ha reaparecido en las últimas dos décadas. El problema se agrava en contextos de despoblación radical. En la provincia sudafricana de KwaZulu-Natal, donde cerca del 39 % de la población vive con VIH, los veterinarios han observado un fuerte aumento de perros ferales y, con ellos, de casos de rabia. Más extremo aún es el caso de la «zona de exclusión» de Chernóbil, en Ucrania, donde perros y otros animales proliferan sin control y la rabia se ha disparado.

Incluso donde el Estado funciona razonablemente, la lógica de la rabia induce cegueras fatales. La vacunación canina preventiva suele considerarse un lujo inasumible, especialmente en países donde otras enfermedades como malaria o tuberculosis matan a mucha más gente. Pero a largo plazo, vacunar a los perros resulta mucho más barato que dispensar tratamientos postexposición a personas. La OMS calcula que un curso completo de profilaxis postexposición equivale al 4 % del ingreso nacional bruto per cápita en Asia y casi al 6 % en África. En conjunto, la lucha mundial contra la rabia consume más de mil millones de dólares al año, y eso solo consigue mantener la mortalidad en torno a 55 000 muertes anuales.

Como isla libre de rabia, Bali no estaba destinada a engrosar esas cifras con más de 150 víctimas. Pero un solo perro bastó para alterar el panorama. De hecho, Bali ilustra con crudeza lo rápido que pueden revertirse los avances en el control de la enfermedad. Pese a los ingresos turísticos de nivel internacional, el ingreso per cápita en la isla no llega a dos mil dólares anuales, demasiado bajo para que los residentes costeen vacunas por su cuenta o incluso tratamientos postexposición. Igual que en los brotes ficticios descritos en *The Rage* o *Day of the Mad Dogs*, la etiqueta «libre de rabia» se convirtió en un obstáculo; médicos, pacientes y autoridades fueron demasiado lentos para reconocer lo que tenían ante los ojos. Y cuando por fin asumieron la magnitud del problema, su respuesta arrancó con el mismo impulso mal dirigido que caracteriza a tantos gobiernos frente a un brote de rabia: la matanza indiscriminada de perros.

* * *

El doctor Anak Agung Gde Putra es epidemiólogo veterinario en el Centro de Investigación de Enfermedades de Bali, un organismo financiado por Naciones Unidas que asesora de cerca al gobierno local en materia de zoonosis. De porte elegante y mediana edad, viste un uniforme caqui impecable y lleva gafas de montura fina. Su inglés es pausado pero preciso, y habla con orgullo de las estancias profesionales que ha realizado en Australia y Estados Unidos.

En cuanto al brote de rabia en Bali, el doctor Agung defendía con firmeza que las autoridades habían actuado con responsabilidad dadas las circunstancias. Una vez confirmada la enfermedad en noviembre de 2008, el gobernador de Bali —Made Mangku Pastika, elegido tras hacerse célebre como comisionado de policía al destapar a los sospechosos del atentado de 2002 contra una discoteca— alertó a la población en menos de veinticuatro horas. Al día siguiente promulgó un decreto con el plan de acción oficial, elaborado con la asesoría del DIC. El eje de la estrategia era la matanza masiva; se exhortaba a los residentes a matar, por cualquier medio disponible, a todos los perros callejeros que encontrasen. Además, los barcos que arribaran a Bali debían ser registrados minuciosamente, y cualquier perro, gato o mono hallado a bordo sería inmediatamente confiscado y sacrificado.

El temprano llamamiento del gobernador a un sacrificio comunitario nunca pareció prender, quizá porque los balineses, mayoritariamente hindúes y grandes amantes de los animales, mostraron escaso entusiasmo por semejante tarea. Pero las operaciones oficiales sí se desplegaron con agresividad. Fueron abatidos no solo perros callejeros, sino también muchos con dueño, en ocasiones sin el consentimiento de sus familias. El problema residía en que, aunque se había ordenado mantener a las mascotas dentro de casa, en Bali los perros rara vez están confinados. En los hogares tradicionales suele haber al menos uno, destinado a proteger a la familia contra intrusos y malos espíritus, pero lo normal es que vague libremente durante el día, sin collar ni correa, buscando alimento o socializando con otros. Para noviembre de 2009, aunque la orden de despoblación apuntaba oficialmente solo a los perros «callejeros», el número de animales eliminados en las zonas de intervención superaba ya la cifra total estimada de vagabundos en toda la isla.

Si las cifras resultaban alarmantes, los métodos lo eran aún más. Perros domésticos sorprendidos en la calle fueron abatidos a tiros o envenenados con estricnina, en ocasiones aldeas enteras en una sola jornada. Un fragmento especialmente perturbador, difundido en YouTube, mostraba a un hombre recorriendo un mercado balinés y disparando dardos envenenados con una cerbatana. Los animales apenas lograban dar unos pasos antes de desplomarse, retorciéndose y gimiendo, con los músculos rígidos y las fauces contraídas en una mueca de terror.

Las imágenes, recogidas y amplificadas por grupos defensores de los animales dentro y fuera de la isla, recorrieron el mundo. Como era de esperar, la campaña de exterminio terminó por golpear al turismo balinés, todavía convaleciente por los sangrientos atentados islamistas de 2002 y 2005.

A los seis meses, el *Herald Sun* —el periódico más leído de Australia— publicaba un reportaje titulado «El sacrificio de perros de Bali impacta a los australianos». En él, una mujer relataba la muerte de su mascota tras ingerir una albóndiga envenenada con estricnina colocada en una trampa: «La encontramos muerta, rodeada de vómito y heces en nuestro garaje, con la albóndiga aún a su lado». Otro testimonio, el de un chef australiano, describía cómo un perro fue abatido a tiros en la playa mientras, a escasos metros, se celebraba una ceremonia hindú.

* * *

Como el gobierno acabaría descubriendo, el problema del sacrificio no es que vaya demasiado lejos, sino que nunca puede llegar lo bastante lejos. En teoría, la rabia podría erradicarse de una región eliminando a todos los perros. Pero siempre habrá quien se resista, la familia con un cachorro recién llegado o el jubilado para quien su perro no es solo el mejor, sino su único amigo. Basta un pequeño grupo de dueños que se niegue a entregar a sus mascotas para arruinar la campaña. Y aunque muchos balineses mantienen a sus perros en un estado semiferal, con escaso contacto físico, como pueblo son profundamente afectuosos y sentimentales hacia ellos. Así lo ilustra una escena en Ungasan, la aldea donde comenzó el brote. Una joven en camiseta y chanclas sonríe mientras presume de haber escondido a su perro y a su gato en casa. «Los amo», exclama, acariciando a un gato rubio y larguirucho que se desliza calle abajo.

Incluso en lugares donde la vida humana se enfrenta al hambre y la enfermedad, el apego a los animales persiste. Se calcula que un tercio de los casos de rabia humana en el mundo ocurre en India, lo que ha llevado a algunos funcionarios a plantear sacrificios masivos. Pero la tradición cultural india, con su antiguo respeto por la vida animal, empuja en otra dirección. En Chennai, la quinta ciudad más grande del país, el activista Chinny Krishna, de la Cruz Azul de India, insistió en que el municipio apostara por la esterilización y la vacunación de los perros callejeros en lugar de matarlos. Recordaba que ya en 1860, cuando aún se llamaba Madrás y estaba bajo dominio británico, se había intentado la eliminación sistemática de perros sin resultado. «Si un procedimiento aplicado durante más de cien años no ha mostrado resultados, algo está mal», señalaba Krishna. Su propuesta de «control de natalidad animal» —popularizada con el lema «tan fácil como ABC»— defendía que la esterilización y la vacunación reducirían la proporción de perros susceptibles a la rabia, creando una población estable de animales inmunizados que funcionaría como barrera frente a la propagación del virus.

El plan inicial en Bali también contemplaba vacunación, además de sacrificio. Sin embargo, se rechazaron vacunas importadas de eficacia comprobada, capaces de proteger durante años con una sola dosis, en favor de una vacuna producida localmente en Indonesia cuya protección apenas duraba seis meses. Peor aún, el gobierno optó por no vacunar en toda la isla, concentrándose solo en la península de Bukit, al norte de Ungasan, con la intención de confinar allí el brote. El obstáculo de fondo era financiero. Según el doctor Agung, del Centro de Investigación de Enfermedades, cuando se emitió el decreto inicial solo se habían asignado unos 110 000 dólares, que además no se liberaron de inmediato por coincidir con el cierre del ejercicio fiscal.

Así, la campaña nunca pudo adelantarse a la epidemia. Tres semanas después, el *Jakarta Post* informaba que se habían sacrificado 281 perros y vacunado otros 683. («El gobierno ha prometido recuperar el estatus libre de rabia de Bali antes de fin de año», titulaba el diario). Pero el 9 de enero de 2009 ya era evidente el fracaso. Se había detectado un perro rabioso en la capital, Denpasar. El 18 de ese mes, decenas de altos cargos participaron en el templo de Puncak Mangu en una ceremonia hindú para pedir ayuda divina contra el brote. Para noviembre, pese al exterminio de 26 705 perros —de un total estimado de 300 000— y la vacunación de miles más, la rabia se había extendido a siete de las nueve regencias de Bali.

Aunque a finales de 2008 se había hecho disponible el tratamiento postexposición para humanos, las muertes continuaron. Freddy, amigo de Thomas Aquino, inició a tiempo el tratamiento; Aquino, en cambio, aún dudaba cuando el 14 de diciembre empezó a sufrir calambres musculares y pronto echaba espuma por la boca. Mientras tanto, su vecino, el pequeño Ketut Tangkas de tres años, murió en su casa el 30 de diciembre.

A corto plazo, el sacrificio masivo quizá resultaba más barato y podía acallar la demanda de una reacción rápida y contundente. Pero a la larga, la decisión de priorizar la matanza por miles en lugar de apostar por la vacunación —y por vacunas realmente efectivas— salió muy cara. En su intento por recuperar la isla, Bali había regalado a la rabia una ventaja de un año.

*   *   *

En esta historia de horror irrumpió una curiosa cazadora de demonios. En 1973, recién graduada en la Universidad de Oregón, Janice Girardi se trasladó a Bali y empezó a fabricar y vender joyas. Para 2007, aquella pequeña empresa se había convertido en un negocio multinacional que abastecía a tiendas y grandes almacenes de todo el mundo, y sus ingresos le permitieron fundar la Asociación de Bienestar Animal de Bali (BAWA). La organización se instaló en el mismo edificio de Ubud —el corazón cultural de la isla, refugio del turista menos inclinado al surf— donde también funcionaba su negocio de joyería. Con el tiempo, BAWA creció hasta contar con un refugio y una clínica veterinaria, una ambulancia disponible las veinticuatro horas, una clínica móvil de esterilización, un programa educativo en escuelas, un sistema de adopciones de cachorros y gatitos y una gama cada vez más amplia de proyectos comunitarios financiados con donaciones locales e internacionales.

La clínica, sobre todo, encarna el empeño de Girardi. Situada frente a arrozales en las afueras de Ubud, ocupa un edificio elegante de dos plantas con puertas de madera talladas al estilo tradicional indonesio, cubiertas de relieves florales y figuras humanas y animales. Pasillos y terrazas rebosan de jaulas de alambre con cachorros que gimen suavemente sobre mantas limpias. Desde la llegada de la rabia a Bali, todos los animales recién ingresados deben permanecer un mes en cuarentena, bajo observación. En el interior, el ladrido grave de los perros adultos añade un contrapunto barítono al coro. El personal de BAWA se mueve con ligereza, cambia ropas y cuencos, y reparte una dieta de arroz, zanahorias, huevo y pienso comercial que podría parecer apetecible incluso a un visitante humano.

A finales de 2009, cuando la rabia empezaba a cobrarse vidas y el gobierno había puesto en marcha las matanzas, Girardi decidió intervenir. «Al principio —recuerda— asistía a reuniones en las que cientos de personas aplaudían cuando se hablaba de disparar o de envenenar con estricnina a los perros. Yo era la única en la sala gritando: "¡Vacunemos!"». Conversadora incansable, recrea la escena con una sonrisa encendida y la mano alzada, como una colegiala ansiosa por intervenir. Con perseverancia, logró que las autoridades autorizaran un programa piloto en la regencia de Gianyar, que incluye Ubud y se extiende hasta la costa sureste de la isla. A diferencia del gobierno, Girardi insistió en usar vacunas extranjeras de larga duración y en sacrificar solo a los animales con síntomas evidentes. Apoyada por expertos internacionales —de la Universidad Chulalongkorn (Bangkok), la OMS (Ginebra) y el CDC (Estados Unidos)— sostuvo que, para frenar la epidemia, había que vacunar al 70 % de los perros de Gianyar. El resultado la avaló, aquella cobertura creó lo que más tarde llamaría sus «perros guerreros», y la incidencia de rabia en la zona descendió de forma notable.

Aun así, convencer al gobierno de extender la campaña a toda la isla resultó arduo. BAWA organizó conferencias internacionales que reunieron a altos funcionarios y a los principales especialistas en rabia del mundo, quienes insistieron en la eficacia de la estrategia basada en vacunas frente a la matanza indiscriminada. La organización incluso obtuvo fondos de la Sociedad Mundial para la Protección de los Animales (WSPA), con sede en Londres, y las dosis necesarias a través de AusAID, el programa de cooperación australiano. Aun así, fueron necesarios meses de negociaciones hasta que el gobernador firmó la autorización. En octubre de 2010, más de dos años después de la primera víctima humana, arrancó por fin la vacunación en toda la isla.

La operación se coordinó desde la sede de BAWA en Ubud, una sobria oficina de dos plantas cuya sala superior se convirtió en centro de mando de la campaña. Allí, Girardi y su reducido equipo —a veces acompañados por Elly Hiby, directora de programas de animales de compañía en la WSPA— pasaban horas en reuniones logísticas, inclinados sobre un mapa dibujado a mano con las nueve regencias de Bali. En cada una anotaban el número de vacunadores necesarios, los equipos de vigilancia y las fechas de despliegue. Flechas marcaban la progresión de los grupos de trabajo de regencia en regencia, en busca de la meta crítica del 70 %. El esfuerzo habría de librarse de calle en calle, de edificio en edificio y de perro en perro.

*   *   *

En noviembre de 2010, pocas semanas después del arranque de la campaña, los equipos de vacunación habían llegado a la regencia de Jembrana, en el oeste rural de Bali, lejos de los centros turísticos del sur. A diferencia del laberinto urbano de Ubud —donde las calles, flanqueadas por sólidos edificios residenciales, parecen hileras fortificadas—, Jembrana se abre en paisajes agrícolas más amplios. Algunos recintos apenas tienen vallado; otros, solo mallas abiertas que permiten mirar dentro. Los templos familiares, que en Ubud suelen ser construcciones elegantes de hormigón con techos de paja bien trabajada, aquí se reducen a veces a montones improvisados de ladrillos cubiertos con una simple chapa.

«¡Somos de BAWA, venimos a vacunar a vuestros animales contra la rabia!». Con esta proclama los equipos irrumpían en los complejos, alzando la voz por encima de la cacofonía de ladridos; los perros de la casa respondían al unísono con los de fuera, componiendo un estruendo atronador. Made Suwana, director de educativo de BAWA, terminaba casi desgañitado al traducir el mensaje a los dueños.

Cada equipo estaba formado por cuatro cazaperros armados con redes, un veterinario encargado de preparar y administrar la vacuna, y un responsable de registros que anotaba cada aplicación en su cuaderno. A menudo los acompañaba el *klian banjar*, el líder comunitario, que con sonrisas tranquilizaba a las familias ante aquella benévola intrusión. La primera pregunta era siempre la misma: ¿podían los dueños sujetar ellos mismos a sus perros? La respuesta casi nunca era afirmativa. Los animales convivían con la familia, comían las sobras de las ofrendas diarias, dormían bajo el *bale bengong* —el pabellón donde se descansa en las tardes húmedas— o seguían al amo en sus visitas vecinales. Pero no se dejaban acariciar ni, mucho menos, sujetar. La relación era de convivencia, pero no de contacto físico. Para muchos propietarios, resultaba casi emocionante ver por primera vez a sus semisalvajes mascotas siendo manipuladas.

En la mayoría de casos, por tanto, los perros debían ser atrapados con redes. Era un ballet sorprendente. Los cazadores se desplegaban con calma dentro del recinto, cerrando poco a poco el cerco. Uno provocaba la huida del perro hacia la red de los otros. A veces el animal se escabullía, saltaba la valla y desaparecía hacia un patio vecino o un arrozal lejano. Pero cuando la red funcionaba, el perro quedaba reducido a un amasijo tembloroso de músculos, pelo y dientes. Entonces el cazador giraba el aro, tensando la malla hasta formar una espiral que inmovilizaba al animal contra el suelo. Solo entonces podía el veterinario abrirse paso entre las cuerdas y clavar la aguja en el lomo.

Antes de soltarlo, se le dejaban dos marcas de identificación: un lazo de cinta roja, cuidadosamente anudado al cuello con fórceps largos, y un brochazo de pintura en spray sobre la espalda.

Los cazaperros, casi todos hombres jóvenes casados de veintitantos años, mostraban una pose de bravuconería despreocupada. Vestían camisetas de BAWA estampadas con huellas de perro, pantalones demasiado estrechos o demasiado anchos, y adornos rockeros, como pulseras de pinchos o coloridas bandanas. Los tatuajes eran frecuentes. En los descansos fumaban, devoraban caramelos de las tiendecillas locales y lanzaban piropos a las chicas que pasaban. Pero en plena faena, el pavoneo dejaba paso a una tensión alerta: los rostros adormecidos se transformaban en gestos de concentración, atentos al más leve movimiento del animal.

El momento más arriesgado era la liberación. El perro, aún furioso, podía girarse contra su captor. La técnica consistía en sostener el aro a la máxima distancia, dejando que el cuerpo se desenroscara poco a poco de la red, hasta que un giro rápido lo depositaba en el suelo. Entonces, el animal echaba a correr. La única incógnita era hacia dónde. El cazador mantenía el aro como escudo hasta asegurarse de que la carrera fuese en dirección contraria, no hacia él.

* * *

Mientras los cazadores desplegaban su arrojo, el encargado de registros permanecía junto a cada propietario, garabateando con seriedad en su libreta: nombre del dueño, sexo del perro, nombre del perro, edad, pelaje. No todos los perros balineses tienen nombre, pero los que aparecían en las listas de Jembrana solían ser breves y rotundos: Kiki, Jos, Boi, Boss, Lupi, Bobo, Inul, Bruno. Más del 80 % eran machos, fruto de la costumbre de abandonar a las cachorras. Algunas sobrevivían como vagabundas, pero la mayoría desaparecía; una práctica bárbara, quizá, aunque en la práctica funcionaba como un rudo control de población.

El llamado «perro de Bali», un mestizo emparentado con el dingo australiano, se presenta en múltiples variantes de color —castaño, atigrado, blanco moteado— y en tallas que van de un beagle robusto a un retriever pequeño. Su porte, sin embargo, es inconfundible: pelaje corto y rígido, orejas erguidas, hocico cónico y cuerpo fibroso. Un documental reciente, *Bali, Island of the Dogs*, del británico Lawrence Blair (un locuaz expatriado con un parche en el ojo), reúne a expertos que defienden la singularidad genética de la raza. El genetista Niels Pedersen, de la Universidad de California en Davis, incluso concede cierto crédito a la leyenda de que los Kintamani —los perros de las tierras altas— descienden de chow chows importados en el siglo XI por una princesa china. Según su árbol filogenético, el Kintamani está estrechamente ligado al chow chow; aunque también admite la posibilidad inversa, que fuera el chow chow quien descendiera del Kintamani. En cualquier caso, los balineses parecen convencidos de que sus perros son nobles no solo de temperamento, sino también de linaje.

Para los lugareños, el perro de Bali roza lo sagrado. Se cree que protege a sus dueños —incluso contra peligros invisibles, son una suerte de «alarma mágica»—, que cura enfermedades o desvía calamidades, y que en ocasiones participa en ceremonias religiosas. Su aparente capacidad de sobrevivir solo con arroz, base de las ofrendas cotidianas, se cita como prueba de su resistencia y valor.

Todo esto hacía a Putu Ernawati, joven veterinaria del equipo de vacunación en Jembrana, prudente al valorar el éxito de la campaña. «Es difícil que la gente de las aldeas entienda la importancia de la vacuna contra la rabia», advertía. Sin embargo, a su alrededor crecían señales de aceptación. Vecinos llamaban a los equipos desde sus recintos, ansiosos por ser visitados. Algunos incluso atrapaban a sus perros por adelantado y se acercaban con ellos aullando en brazos, como si los ofrecieran con orgullo.

Un lugareño, Putu Widiasmadi, contemplaba divertido el espectáculo. Sus hijas hojeaban entre risas el portapapeles del equipo, sorprendidas por los nombres de los perros vecinos, mientras comparaban con naturalidad los de los suyos, Fred y Ricky. «Creo que es bueno que el gobierno responda así a la rabia», dijo Widiasmadi. «Las familias balinesas quieren tener un perro para protegerse».

Un *klian banjar* recordó que semanas antes habían pasado por la aldea exterminadores enviados por el gobierno. La comunidad aún bullía de perros, pero los dueños parecían decididos a protegerlos. Un hombre corrió hacia los cazadores con un cuchillo, gritando: «¡No, no, parad! ¡No matéis a mis perros!». En otra casa, un niño se adelantó a todo el equipo, directo al templo comunitario, para rezar por la vida de sus mascotas.

Los perros, entretanto, no paraban; ladraban a los intrusos que se acercaban y con igual ímpetu cuando se alejaban. Uno podía entender por qué los balineses confían tanto en ellos como guardianes, ladran a cualquier cosa. Y así, en Jembrana y más allá, cada visita de BAWA desencadenaba el mismo estrépito. Día tras día, semana tras semana, regencia tras regencia, hasta que —como parecía inevitable— toda la isla se quedara ronca de tanto ladrar.

Un perro es inmobilizado para su vacunación, Bali (2025) [A.P.].

*　*　*

De vuelta en la sede, un miércoles de sol intenso, Girardi y su equipo desplegaban mapas en la improvisada sala de mando. Gianyar, la regencia piloto, ya estaba cubierta; Jembrana, casi completada. El resto de la isla seguía desprotegido. En un mapa de contornos toscos, dibujado a mano, jugaban con números y flechas: dos equipos aquí, seis allá; diez más en unas semanas.

En mitad de la reunión, Deny Gunawan, coordinador de emergencias de BAWA, irrumpió con un aviso urgente. Un perro joven y agresivo había mordido a su dueño y al hijo de este, y acababa de ser dejado en la clínica.

—¿Estaba vacunado? —preguntó Girardi.

—Aún no —respondió Gunawan. Y relató dos observaciones inquietantes; el perro había intentado morder la red y había rehusado el agua ofrecida.

Girardi no se dejó impresionar. Ambos comportamientos, explicó, eran comunes en los perros de Bali al ser capturados. Ordenó aislarlo y observarlo, no sacrificarlo de inmediato. «A veces, cuando hablas con los dueños —diría más tarde—, la historia resulta ser otra, que el niño intentó quitarle un juguete al perro y el padre intervino. Eso no es rabia; es un perro normal».

Volvió al mapa. Su plan inicial —un barrido epidemiológico de oeste a este, comenzando por la estrecha punta de Jembrana— se revelaba inviable. Cada nueva muerte humana en alguna regencia generaba presión política inmediata para concentrar allí los esfuerzos. Ignorarlas significaba no solo arriesgarse a perder el apoyo del gobierno, sino también exponer a los animales: «Si no entramos nosotros, la gente empezará a matar perros».

Así, la estrategia metódica dio paso a algo más caótico, un mapa que se parecía menos a un avance militar y más a una lluvia radiactiva; equipos lanzados en puntos calientes, expandiéndose desde allí hasta cubrir el resto de la isla.

La lógica seguía siendo impecable. Con las matemáticas adecuadas y suficientes vacunas, incluso este asesino ancestral debía rendirse en esta batalla. Y, pese a supersticiones, inercia burocrática e improvisaciones forzadas, el primer pase de BAWA funcionó. En marzo de 2011 alcanzaron la cobertura crítica del 70 %. El gobierno incluso financió un segundo pase apenas dos meses después, vital en una isla donde casi la mitad de los perros tiene menos de dos años.

Pero la confianza se quebró. Nuevas muertes humanas —atribuibles a mordeduras previas a la campaña— llevaron al gobierno a reanudar matanzas indiscriminadas, incluso en comunidades ya vacunadas. La cobertura volvió a caer. En mayo de 2011, las autoridades rebajaron el objetivo. Ya no era 2012, sino 2015 la fecha tentativa para erradicar la rabia.

Si Bali logra mantener su ejército de «perros guerreros», como los bautizó Girardi, la paz debería regresar a la isla. Si no, la enfermedad encontrará resquicios por donde colarse.

* * *

Después de la reunión, Janice condujo hasta la clínica en su Jeep. Treinta años en la isla la habían habituado al estilo de conducción vertiginoso de los balineses: esquivando motocicletas, sorteando perros en la carretera, a una velocidad que helaría la sangre de cualquier visitante estadounidense. Al llegar, fue directa a la jaula del perro que había suscitado tanta alarma. Era de noche, y solo una bombilla iluminaba tenuemente el pequeño enrejado, de apenas sesenta centímetros de ancho.

Con todo el revuelo sobre la rabia en Bali, uno podía pasar semanas cubriendo la campaña de vacunación —o años escribiendo un libro, o incluso una década ejerciendo como veterinario en EE. UU.— sin presenciar jamás un caso en carne viva; Pero, finalmente aquí estaba, un perro con la cabeza torcida hacia atrás y sus ojos rodando mórbidamente en sus cuencas.

No era un perro de Bali, sino un «perro de raza», como llamaban los lugareños a los importados, un pequinés rojizo y negro. Tambaleándose como un borracho furioso, se lanzaba contra los barrotes y aullaba con un sonido lúgubre, estrangulado, que acababa en un gorgoteo húmedo. Periódicamente caía exhausto, para luego reiniciar el ciclo… gimoteando, gruñendo, mordiendo. Se mostraba encolerizado por nuestra presencia, pero al mismo tiempo parecía incapaz de percibirnos realmente.

Resulta extraño convivir toda una vida con perros y no haber visto nunca a uno devastado por esta maldición milenaria. Y, en cierto modo, verlo en carne y hueso era menos aterrador que imaginarlo como fantasma. Como la aguja —hoy más temida que la mordedura—, la realidad del perro rabioso no alcanzaba al mito. Lo más inquietante no era su furia, sino su vacío.

En *Old Yeller*, el clásico infantil de 1956, el perro nunca llega a mostrar síntomas. Tras ser mordido por un lobo rabioso, el muchacho obedece a su madre y lo sacrifica de inmediato. Todo ocurre en apenas una página y media. Disney, sorprendentemente fiel, decidió que el perro debía morir también en la película. Fred Gipson, autor de la novela, escribió el guion, y el productor Bill Anderson recordaba que Walt rechazó de plano la «salida cobarde» de salvarlo: «Walt sabía que teníamos que matar al perro para tener una historia».

Pero Disney, paradójicamente, suavizó el golpe. En la película, ante la súplica del chico de atar al perro, la madre accede. El animal es confinado hasta que, efectivamente, se vuelve loco, su hocico espumante tras la puerta del granero. Así, explicó Anderson, «no había salida sino matarlo». Para generaciones de niños —algunos críticos lo calificaron de «abuso infantil»— aquella fue una escena traumática. Y, sin embargo, quizá más misericordiosa que la del libro, no murió por mera sospecha, sino por certeza.

La rabia, por aterradora, ofrece al menos ese consuelo, la inevitabilidad. Por mucho que se haya amado a un perro, cuando llega la enfermedad no hay salvación posible.

El vínculo con los perros está grabado en nuestros genes y en los suyos, tejido en miles de años de convivencia. Pero en la jaula de alambre, en los ojos vidriosos de aquel pequinés, ya no había nada reconocible. El perro, en esencia, se había ido. Sacrificarlo —como hizo de inmediato un veterinario de BAWA, con la sobredosis habitual de anestesia— no fue más que reconocer su partida.

Este libro se terminó de imprimir el 26 de octubre de 2025. Tal día de 1885 —hace exactamente ciento cuarenta años—, el químico y microbiólogo francés Louis Pasteur presentó ante la Academia de Ciencias de París su histórica demostración sobre el tratamiento de la rabia. Aquella jornada marcó un antes y un después en la lucha contra el virus que Bill Wasik y Monica Murphy han llamado, con acierto, «el más diabólico del mundo». La fecha de este colofón recuerda, pues, el instante en que la ciencia comenzó a domesticar al más feroz de los demonios microscópicos; ese virus con forma de bala que durante milenios sembró el terror entre perros y hombres, alimentó mitos de hombres lobo y vampiros, y desafió la frontera misma entre lo humano y lo animal.